KB274920

식품·환경·숫자로 과학을 생각하다

청소년 융합과학교실

식품·환경·숫자로 과학을 생각하다

청소년 융합과학교실

김미지 · 조정선 · 강순심 지음

이담 Books

들어가면서

미래의 우리 사회는 과학·기술·공학적인 지식과 더불어 인문학적 소양 및 예술적 감각을 겸비하고, 대중과 소통하며 사회시스템과도 연계할 능력을 가진 창의융합형 인재를 요구하고 있다. 그리고 과학적 지식과 인문사회·예술이 융합된 우수한 콘텐츠를 개발하여 청소년들에게 보급해야 할 필요성이 증대되고 있다. 이 서적은 이러한 시대적인 요청에 따라 집필된 것이며, 특히 청소년들의 과학기술에 대한 흥미와 이해를 증진하고, 창의적 사유를 배양하며, 이를 통해 핵심문제 해결능력(Core competency)을 키울 수 있도록 하는 것을 목적으로 하고 있다. 나아가 저자들은 본 서적이 담고 있는 콘텐츠가 변화하는 새로운 과학교과과정을 올바르게 이해하는 참고서가 될 수 있었으면 하는 바람을 가지고 있다. 이를 위해 저자들은 과학기술과 인문사회의 융합을 염두에 두고 일상에서 쉽게 접할 수 있는 주제들을 모았다.

한편 저자들은 각자 자신의 전공영역을 한국과학창의재단에서 시행하고 있는 <생활과학교실> 프로그램에 접목하여 일선 과학 활동 현장에서 과학기술과 타 학문의 융합프로그램의 개발과 운영에 참여해 오고 있다. 저자들은 그동안의 경험과 활동을 기반으로 3가지 주제－식품, 환경, 숫자－를 선정하여 청소년들과 역사와 문화, 예술과 과학을 동시에 고민해 보고자 한다. 나아가 개별 주제와 관련된 내용을 확인할 수 있는 문제들을 첨가하여 청소년의 창의적인 생각이 탄생할 수 있도록 배려하였다.

첫 번째 주제는 <식품>이다. 사람이 살아가기 위해서 없어서는 안 되는 것이 몇 가지 있는데 그중 중요한 하나가 음식, 즉 식품이다. 그래서 식품의 역사는 인간의 역사와 함께 시작되었으며, 자연적 요건과 사회·경제적 변화 및 과학기술의 발전에 따라 다양하게 변화하고 발전해 왔다. 이 장에서는 우리가 일상생활 속에서 쉽게 접할 수 있는 식품 소재 3개를 선정하여 식품의 자연 과학적 측면과 인문사회학적 측면을 동시에 알아보고자 한다.

두 번째 주제는 <환경>이다. 문명의 발생 이후 사람들은 생활의 편리함을 위해 주변 환경을 끊임없이 개발해 왔는데, 이로 인해 지구생태계는 파괴되고 환경은 갈수록 오염되고 있다. 때문에 인류는 나날이 병들어 가고 있는 지구를 보호하기 위해 수많은 노력을 기울이고 있다. 이 장에서는 아름다운 지구를 지키기 위해 꼭 알아야 할 불편한 진실들을 소개하고, 또한 지구환경을 보호하기 위한 개인의 노력과 정책적인 대안을 함께 고민해보고자 한다.

세 번째 주제는 <숫자>이다. 급속한 사회경제적 환경의 변화와 대량으로 쏟아지는 정보 속에서 자신에게 꼭 필요한 정보를 찾기 위해 우리는 늘 선택의 기로에 서게 된다. 이 장에서는 생활 속에 숨은 숫자를 찾아보며 수많은 정보 속에서 나에게 필요한 정보들을 선택하고 해결해 나가는 방법들을 알아보고자 한다.

저자들은 부족한 짜임새와 내용에 주저했지만, 이 서적이 청소년의 비판적이고 창의적인 사유를 도울 수 있다는 무모한 용기로 출판을 결정하게 되었다. 따라서 본 서적의 내용상 오류는 전적으로 저자들의 몫이며, 독자들의 따끔한 질책을 겸허하게 받아들이고자 한다.

특별히 여러 해에 걸쳐 현장실무 경험을 제공해 주신 포스텍 임경순 교수님(과학기술진흥센터 센터장), 그리고 본 서적의 기획단계에서부터 수많은 아이디어와 도움을 주신 포스텍 김춘식 교수님(인문사회학부)께 깊은 감사를 드린다. 또한 관련 자료를 준비하고 정리하는 과정에서 많은 도움을 주신 포스텍 과학기술진흥센터 내 생활과학교실 동료연구원분들께도 고마운 마음을 전한다. 마지막으로 처음부터 끝까지 원고의 교정과 디자인 등을 맡아주신 한국학술정보(주)의 김영권 이사님을 비롯한 출판사 관계자분들께도 깊은 감사의 말씀을 드린다.

2013년 2월 눈 내리는 포스텍 제1공학관 연구실에서
저자 김미지, 조정선, 강순심

목 차

II. 환경과 미래

I

식품과 과학

김미지

사람이 살아가기 위해서 없어서는 안 되는 것이 몇 가지 있다. 공기, 물 등 여러 가지가 있겠지만 그중 중요한 하나가 음식, 즉 식품이다. 그래서 식품의 역사는 인간의 역사와 함께 시작되었으며 자연적 요건과 사회·경제적 변화 및 과학기술의 발전에 따라 다양하게 변화하고 발전되어 왔다. 그렇기 때문에 식품은 그 시대의 자연 과학적 지식과 산업기술의 수준 및 예술적 소양을 한꺼번에 담아낼 수 있는 소재라 할 수 있다. 본 책에서는 우리가 일상생활 속에서 쉽게 접할 수 있는 식품 소재 3가지를 선정하여 식품의 자연 과학적 측면과 인문사회학적 측면을 동시에 알아보고자 한다.

첫 번째 주제는 초콜릿이다.

사랑의 마음을 표현하는 증표로 널리 사용되는 초콜릿은 원래 서양 문화를 상징하는 식품이었지만 이제는 전 세계인이 열광하는 식품이 되었다. 신들의 음식이라 불리던 초콜릿이 어떻게 인간 세상으로 오게 되었는지 그 과정을 알아보고 초콜릿의 과학적 효능을 생각해 보고자 한다.

두 번째 주제는 곰팡이, 세균 같은 미생물이다.

흔히 곰팡이나 세균이라고 하면 인간에게 해를 끼치는 것이라고 생각할 수 있다. 하지만 그중에는 인간에게 도움을 주는 이로운 미생물도 많이 있다. 사람들은 아주 옛날부터 다양한 경험을 통해 곰팡이나 효모와 같은 이로운 미생물을 이용하여 식품을 가공하는 방법을 터득하게 되었다. 이러한 식품을 발효식품이라고 한다. 이제 식품 속에서 미생물이 일으키는 마법 같은 변화를 알아보자.

세 번째 주제는 국수다.

늦은 밤 출출할 때 먹는 라면 한 그릇, 추운 날 후후 불어가며 먹는 우동 한 그릇에 우리는 알 수 없는 행복감을 느낀다. 이렇게 우리를 행복하게 만드는 국수가 사실은 중국에서 만들어져 실크로드를 타고 유럽으로 건너가서 누구나가 좋아하는 파스타로 재탄생하게 되었다고 한다. 3,000년의 오랜 시간 동안 전 세계인의 대표 음식으로 사랑받아온 국수의 비밀을 알아보고자 한다.

자! 이제 식품을 통해서 역사와 문화, 예술과 과학을 동시에 만나보기로 하자.

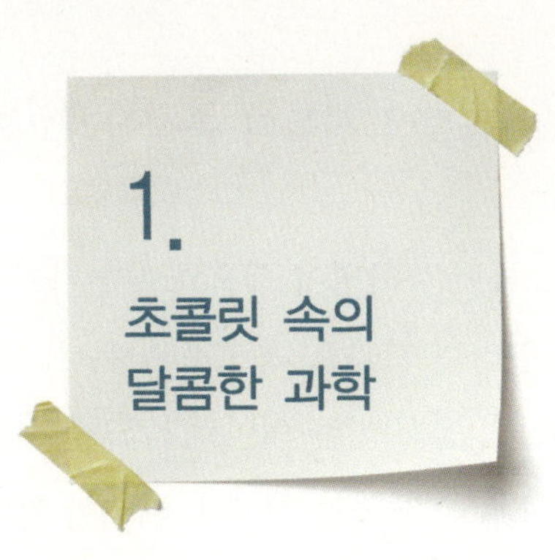

□ 초콜릿 속 과학의 비밀은 무엇일까?

남녀노소 누구나 좋아하는 식품인 초콜릿! 해마다 밸런타인데이가 돌아오면 우리나라는 집집마다 초콜릿의 홍수가 난다. 화려하고 예쁜 상자에 담긴 초콜릿은 밸런타인데이에 남녀 간의 사랑과 우정을 표시하는 징표가 되었다.

사랑과 우정의 상징이며 남녀노소를 막론하고 누구나 좋아하는 인기 있는 먹을거리인 초콜릿의 기원은 '신들의 음식'이라고 불린 데서 시작한다. 이제 '신들의 음식' 속에 숨겨져 있는 과학의 비밀을 알아보자.

〈그림 1〉 초콜릿

□ **초콜릿이 신들의 음식이라고요?**

초콜릿은 학명이 테오브로마 카카오(Theobroma cacao)라는 나무에서 열리는 카카오 콩으로 만든다. '테오브로마'의 뜻은 그리스어로 '신들의 음식'이란 의미로 1753년 스웨덴의 식물학자 칼 폰 린네(Carl von Linne)가 붙인 것이다. 이러한 학명이 붙은 이유는 초콜릿이 카카오나무의 주된 재배지인 고대 중앙아메리카에서 부족장이나 성직자처럼 높은 신분의 사람들만이 마실 수 있는 음료였기 때문이다.

멕시코 지역은 초콜릿의 원료가 되는 카카오나무가 자라기에 가장 좋은 기후 조건을 가지고 있었다. 이곳에는 신비한 문명을 건설한 마야(Maya)족과 아즈텍(Aztec)족이 살았는데 이들은 카카오를 신들의 음식으로 여겼으며 신이 자신들에게 내려준 선물로 생각하고 매우 귀하게 여겼다. 그러나 신대륙을 정복한 스페인인들은 처음에는 황금에만 관심이 있을 뿐 이 걸쭉하고 쓴 음료에는 관심을 두지 않았다. 초콜릿이 커피, 차, 설탕과 함께 왕과 귀족들의 기호식품으로 자리 잡게 된 것은 1528년 에르난 코르테스(Hernan Cortes)가 카카오 열매를 가지고 유럽으로 간 후에도 한 세기가 더 지나서였다. 그 이후 유럽 여러 나라로 급속하게 퍼져 나갔다.

요즘처럼 네모난 판 모양의 초콜릿이나 물이나 우유에 타 먹는 코코아가 탄생하게 된 것은 1820년대 들어서다. 그 후 초콜릿 제조 기술의 발달로 많은 양의 초콜릿 생산이 가능해졌다. 특히, 20세기 두 번의 세계대전에서 초콜릿이 군인들의 전투 식량에 포함되면서 사람들에게 널리 알려지게 되었다. 우리나라에서도 대한제국 말 처음으로 소개된 초콜릿이 해방 후 미 군정 시기에 미군의 비상식량으로 사용되면서 알려졌는데, 미군 부대에서 나온 초콜릿은 신기한 외래 식품으로서 아이들에게는 최고의 인기 식품이었다. 이러한 초콜릿은 미국의 허시(Hershey) 사를 비롯한 초콜릿 제조업자들의 적극적인 시장 개척 덕분에 기호식품을 넘어 하나의 문화적 대상이 되었다.

□ 초콜릿의 역사는 어디에서 시작되었을까?

누구나가 좋아하는 초콜릿의 기원은 신대륙의 선사시대, 즉 올멕(Olmec)문명과 마야(Maya)문명 시대까지 거슬러 올라간다. 오늘날 멕시코를 비롯한 중앙아메리카 지역의 고대문명인 올멕문명이 번성했던 지역은 카카오나무를 재배하기에 가장 적합한 덥고 습한 기후와 숲의 그늘을 가지고 있었다. 기원전 1500~400년, 이 지역에서 번영한 올멕문명의 사람들이 인류 최초로 초콜릿을 마셨다고 알려져 있다. 올멕(Olmec)족이 사라진 직후 4세기 무렵에는 마야족이 자리를 잡았는데 마야(Maya)인들은 서기 600년경부터 볶은 카카오 열매를 이용해서 특별한 음료수를 만들어 마셨다. 이들의 거대한 궁전과 신전의 벽에는 삶과 풍요의 상징인 카카오 열매가 새겨져 있었고, 여러 유물과 유적에서 발견된 그릇들에서 마야족이 카카오를 음료의 형태로 마신 증거들이 발견되고 있다.

○ 마야족과 아즈텍족은 글쎄 초콜릿을 마셨대요

900년경 마야(Maya) 제국이 갑작스럽게 멸망하고 전투력이 유난히 강했던 아즈텍(Aztec)족이 중앙아메리카 최고의 카카오 산지를 차지하였다. 이들은 초콜릿에 벌꿀이나 꽃을 넣기도 하고 선명한 붉은색이 나도록 하거나 고추를 넣은 초콜릿을 만들어내는 등 여러 가지 방법으로 변형하여 활용하면서 다양한 초콜릿 문화를 발전시켰다. 고대 마야인과 아즈텍인은 카카오 열매의 모양이 인간의 심장과 비슷하게 생겨서 초콜릿을 심장, 피, 생명의 상징으로 여겼다. 그래서 초콜릿은 왕족이나 지위가 높은 전사들이나 귀족들만 마실 수 있는 귀한 음식으로 대접받았고, 초콜릿을 한 모금 마실 때마다 지혜와 지식을 얻을 수 있다고 생각하기도 했다.

아즈텍인들은 초콜릿을 신비한 효능이 있는 신의 선물이며 생명력의 원천으로 생각하여 카카오 열매로 음료를 만들어 마셨고, 종교의식에도 이 열매를 사용했다. 특히 아즈텍인들에게 카카오 열매가 귀중했던 이유는 그들의 신 중 하나인 농업을 관장하는 신인 케찰코아틀(Quetzakoatl)이 아즈텍인들에게 카카오나무를 물려주었다는 전설 때문이었다. 아즈텍인들은 먼 옛날, 신들의 왕에게 쫓겨난 케찰코아틀(Quetzakoatl)이 언젠가는 다시 돌아올 거라고 믿고 있었는데 1517년 스페인 정복자 코르테스(Cortes)가 아즈텍에 도착하자, 사람들은 드디어 전설의 케찰코아틀(Quetzakoatl)이 돌아왔다며 초콜릿 음료를 대접하며 환영했지만 코르테스는 케찰코아틀이 아니라 유럽의 정복자였던 것이다.

○ 초콜릿, 유럽으로 진출하다

1502년 서인도제도를 향한 여행에서 콜럼버스(Columbus)는 온두라스(Honduras) 연안의 구아나자라는 섬에 도착했다. 아즈텍(Aztec)인들이 커다란 아몬드처럼 생긴 열매로 음료를 만들어 보이자 갈색의 쓰디쓴 음료에 혐오감을 느낀 콜럼버스(Columbus)는 단순히 고국의 동포들에게 신기한 것으로 소개하기 위해 카카오 열매를 싣고 돌아왔을 뿐 이 열매가 미래에 어떠한 경제적 가치를 갖는지는 전혀 상상하지 못했다. 그로부터 17년 후인 1519년 황금을 찾아 신대륙에 온 코르테스(Cortes)는 카카오 원두가 새로운 황금 곧, '갈색 금'이라는 사실을 깨닫게 되었다. 아즈텍(Aztec)족에게 카카오 원두는 음식이나 음료의 원료일 뿐만 아니라 시장에서 물건을 구입할 때 그 값을 치르는 화폐로도 쓰인다는 것을 알게 된 것이다. 카카오 원두는 급료나 세금을 낼 때도 쓰였는데 스페인 정복자들은 카카오 원두로 물건을 사고 그들이 부리는 인부에게 임금을 지불하기도 했다. 나아가 인근의 서인도제도 섬에까지 카카오 재배지를 확대해 나가면서 화폐로서의 카카오 원두의 가치를 최대한 활용하고자 하였다.

코르테스는 초콜릿 음료수를 스페인의 왕 카를로스(Carlos) 5세에게 소개했는데 처음에는 스페인의 귀족들만 초콜릿을 맛볼 수 있었다. 하지만 초콜릿은 오래지 않아 유럽 각국으로 퍼져 나갔고 전파되는 과정에서 유럽인들은 아스텍(Aztec)인들이 마시던 쓴 음료에 설탕과 꿀을 첨가해 아주 달콤한 맛으로 바꾸어나가기 시작했다. 점차 여러 나라의 귀족들은 초콜릿을 마시며 특별한 즐거움을 느끼게 되었는데, 물론 전쟁터에서 졸지 않으려는 목적도 있었다. 나폴레옹(Napoleon)조차 이미지와는 걸맞지 않게 초콜릿을 입에 달고 살았을 정도로 그 인기는 식을 줄 모르고 하늘 높이 치솟기만 했다.

○ 미국, 영양식으로서의 초콜릿

1765년 초콜릿은 영국 식민지 통치자들을 통해서 대륙을 거쳐 대서양으로 다시 건너갔다. 미국의 초콜릿 수용 방식은 유럽과는 달랐다. 유럽에서는 초콜릿의 소비가 왕과 귀족을 중심으로 한 상류 사회에만 국한되어 있었다면 미국에서는 곧바로 일반 시민들 사이에서 널리 퍼져 나갔다. 이는 유럽에서는 초콜릿의 우아함과 현학적인 측면이 강했던 반면 미국에서는 '영양식'이라는 실용적인 측면이 강조되었기 때문이다.

1884년 밀턴 허시(Milton Snavely Hershy)를 비롯한 초콜릿 제조업자들은 초콜릿 제조공장을 세워 대량으로 초콜릿을 생산해 내기 시작했다.

○ 마시는 초콜릿에서 먹는 초콜릿으로의 변신

1828년 네덜란드의 화학자 코엔라드 요하네스 반 후텐(Coennard Johannes Van Huten)은 매우 정교한 유압 압착기를 고안해냈다. 이 발명을 계기로 번거롭게 카카오 원두를 갈아 만들었던 걸쭉하고 거품 많은 초콜릿 음료는 이제 코코아 가루를 타서 손쉽게 만드는 오늘날의 부드러운 음료로 바뀌게 되었다. 열매를 갈아 얻은 액상 초콜릿에는 약 50%가량의 카카오 버터가 포함되어 있는데 이 압착기로 그것을 27%까지 줄였고 이 과정을 통해 얻어낸 건조한 덩어리를 다시 갈아 고운가루, 즉 우리가 즐겨 마시는 오늘날의 코코아 가루를 만드는 것이 가능해진 것이다.

○ 미국, 초콜릿의 대중화

캐러멜을 비롯해 여러 과자를 만들어 팔던 허시(Hershy)는 1893년 시카고에서 열린 만국박람회에 갔다가 새로운 초콜릿 제조 기계들을 보게 되는데 이 기계로 캐러멜에 초콜릿을 입힌 과자를 만들어 팔면서 본격적으로 초콜릿 제조업에 뛰어들었다. 이후 허시는 초콜릿 공장을 짓고 모든 제품을 기계와 컨베이어 벨트를 갖춘 조립 라인에서 생산함으로써 대량생산이 가능해졌고 본격적인 초콜릿 생산에 들어갔다. 허시는 제품 판매에 있어서도 탁월한 수완을 보여 그의 회사에서 판매되는 밀크 초콜릿과 초콜릿 바, 코코아는 곧 미국 시장을 석권하게 되었다. 허시사의 최대 인기상품은 바로 키세스(Kisses)이다. 이 작고 한입에 쏙 들어가는 밀크 초콜릿인 키세스는 하나씩 은박지로 포장되어 있는 오늘날까지도 큰 인기를 누리고 있는 제품이다.

제2차 세계대전 동안 미국은 초콜릿 바를 미군 병사의 1일 전투식량에 포함시켰다. 허시사와 같은 초콜릿 대규모 제조업자들은 전쟁에 파견된 부대를 위해 비타민이 풍부한 125g의 초콜릿 바를 만들어 대량 공급하게 되었고 결국 미군의 전투식량은 아시아지역에 초콜릿이 소개되는 데 결정적인 역할을 하게 되었다.

○ 카카오 농장에서 일하기 위해 아프리카의 흑인들이 노예로 왔어요

초콜릿을 마시는 습관은 17세기 유럽에서 크게 유행하여 거의 유럽 대륙 전체에 보급되어 그 후 200년 동안 성직자를 비롯한 상당수의 계층으로 퍼져 나갔다. 또한 카카오의 상업적 가치를 깨닫기 시작한 유럽 국가들의 라틴아메리카 진출로 각국의 식민지 확보를 둘러싼 전쟁이 계속되었다. 특히 서인도제도는 1492년 콜럼버스(Columbus)에 의해 발견된 이래 수세기 동안 열강이 각축을 벌였던 곳이다. 이들의 식민지인 멕시코에서도 카카오 소비는 크게 증가한 반면 중앙아메리카의 인디오 인구는 질병과 잔인한 스페인의 착취로 급속도로 감소하기 시작했다. 따라서 이곳의 카카오 농장의 노동력은 아프리카에서 끌려온 노예들이 충당하게 되었다.

한편 카카오나무는 중앙아메리카에서 아프리카로 퍼져 나가게 되었다. 1842년 포르투갈은 브라질에서 가지고 온 포라스테로(Forastero)종 카카오나무를 아프리카 기니만에 있는 가봉 서쪽의 상투메(Sao Tome)에 심었는데 이후 황금해안과 나이지리아에 이어 코트디부아르(Cote d'ivoire)에까지 이르게 되었다. 또한 카카오나무는 아프리카 열대지방으로만 간 것이 아니라 동쪽으로 가기도 했다. 17세기 초부터 네덜란드는 카카오나무를 그들의 식민지인 자바와 수마트라로 이식하기 시작했고 20세기 전반 유럽 제국주의 국가들은 필리핀, 뉴기니, 그리고 사모아에도 카카오 농장을 세웠다. 오늘날 전 세계에서 생산되는 카카오의 55%는 아프리카산이고 카카오의 고향인 멕시코산은 불과 2%도 채 되지 않는다. 세계 제일의 카카오 공급원은 코트디부아르이며 브라질, 가나, 말레이시아, 인도네시아 등이 그 뒤를 잇지만 카카오의 원산지인 멕시코는 열한 번째 생산국에 불과하다고 한다.

□ 카카오 열매가 초콜릿이 되기 위해서는 무엇이 필요할까?

오늘날 다양한 형태와 맛을 갖춘 초콜릿의 원료가 되는 카카오나무는 열대 지방, 그중에서도 적도와 위도 10도에서만 집중적으로 자란다. 카카오나무가 가장 많이 자라는 곳은 남미의 북서 지역인데, 이곳은 초콜릿의 원산지이기도 하다. 그러나 지금은 전 세계에 공급되는 카카오의 절반 이상을 코트디부아르와 이웃 국가인 가나, 인도네시아에서 재배하고 있다.

카카오나무는 자라는 조건이 매우 까다롭다. 울창한 열대 우림지역에서 잘 자라는데 열대 우림의 숲이라 하더라도 강수량이 많아야 하고 따듯해야 하며 부분적으로 그늘도 있어야 한다. 즉, 습도가 높고 토양에 영양분도 풍부해야 비로소 잘 자라는 매우 까다로운 재배 조건을 가지고 있다.

○ 까다로운 카카오나무 키우기

초콜릿은 카카오나무의 열매에 들어 있는 씨앗으로 만드는데 카카오나무 품종은 20종 이상인 것으로 알려져 있지만 오늘날 초콜릿의 원료로 사용되는 카카오 열매를 제공하는 카카오나무는 크리오요(Criollo), 포라스테로(Forastero), 트리니타리오(Trinitario) 등 3가지뿐이다.

카카오나무는 북위 20도와 남위 20도 사이의 강수량이 많은 열대지방에서 자란다. 평균기온은 18℃에서 32℃ 사이여야 하는데 카카오나무가 정상적으로 자라고 많은 꽃과 열매를 맺게 하는 이상적인 기온은 21℃에서 25℃ 사이이다. 카카오나무는 또한 많은 수분을 필요로 해서 1년에 1,250㎖에서 최대 3,000㎖의 비가 내려야 하며 1년 중 건기가 3개월을 넘지 않아야 한다. 따라서 열대지역이라 하더라도 고도가 높아 최저기온이 18℃ 이하이고 건조한 지역은 생육에 적합하지 않다. 또한 카카오나무는 오직 큰 나무의 그늘 아래에서만 자란다. 바람과 햇볕으로부터 벗어나 있어야 성장에 결정적인 역할을 하는 수분을 보존할 수 있기 때문이다. 그늘과 땅 위에 깔린 나뭇잎들이 나무와 땅의 수분 증발을 막아줌으

〈그림 2〉 카카오 열매

로써 건기에도 습도를 유지할 수 있게 되는데 이때 그늘은 최소한 50% 이상의 햇볕을 막아주어야 한다. 또한 카카오나무는 갖가지 병에 걸리기도 쉽고 당분이 많은 카카오 열매의 과육을 즐기는 야생동물로 인해 피해를 보기도 한다.

카카오나무는 사과나무와 거의 같은 크기로 자라며 3년이 지나면 비로소 열매를 맺기 시작한다. 수정이 된 꽃은 끝 부분이 뾰족하고 타원형의 열매를 맺는데 열매가 익으면서 붉은색, 녹색, 보라색, 또는 노란색을 나타낸다. 길이가 20㎝ 되는 이 열매 속에는 달고 즙이 많은 흰 과육에 싸여 있는 아몬드 모양의 씨가 20~50개 정도 들어 있는데 이 씨앗이 바로 초콜릿의 원료 카카오 콩이다. 카카오나무는 껍질이 너무 두꺼워서 그 안에 있는 씨앗을 스스로 퍼뜨릴 방법이 없기 때문에 각종 포유류와 새, 곤충 등의 도움을 필요로 한다. 이를 위해 카카오나무는 향긋한 맛이 나는 열매로 동물들을 유혹하고 그 유혹에 넘어간 새와 동물들이 두꺼운 껍질을 열어 열매를 먹는 과정에서 씨앗이 여기저기 흩어져 새로운 나무로 자라게 되는 것이다.

카카오나무의 가루받이 역할을 하는 곤충으로 등에 모기가 있다. 등에 모기는 카카오 꽃가루의 매개 곤충이다. 카카오나무가 좋아하는 축축하고 그늘진 열대우림을 등에 모기도 좋아한다. 카카오를 재배하는 사람들에게는 귀찮고 짜증 나는 모기가 아니라 한없이 고맙고 반가운 일꾼인 셈이다. 등에 모기류는 카카오 꽃가루의 매개뿐만 아니라 물속에서 애벌레 시절을 보내면서 물고기나 다른 수생동물의 먹이가 되기도 하여 여러모로 생태계에서 중요한 역할을 하고 있다. 등에 모기류가 지구 상에 출현한 것은 1,700만 년에서 1억 2,000만 년 전으로 추측하고 있다. 자연의 변화에 공룡을 비롯한 덩치 큰 생물들이 줄줄이 멸종하였지만 이런 작은 벌레들은 살아남아 생태계에서 한 역할을 담당하고 있다. 그러나 사람들이 환경을 훼손하고 오염시키면서 다양한 벌레들이 아주 빠른 속도로 멸종된다면 앞으로 지구 생태계는 아무도 예측할 수 없을 정도로 심각한 상태에 이를지도 모른다.

○ 카카오 열매는 언제 딸까요?

카카오 열매의 적정 수확 시기는 열매를 두드려 보거나 그 색깔을 보면 알 수 있다. 또, 수박의 익은 정도를 알아보는 것과 같이 두드려 보아 그 울리는 소리로 수확 여부를 결정하기도 한다. 몇몇 국가에서는 카카오를 일 년 내내 수확할 수 있는데, 5월부터 12월까지 가장 활발하며 다른 지역 특히 서아프리카에서의 수확은 9월부터 이듬해 2월까지 이루어진다.

카카오나무는 열매를 따기도 매우 어렵다. 나무 자체가 너무 연약해서 직접 딸 수밖에 없으며 키가 닿지 않는 높은 곳의 열매는 긴 손잡이가 달린 벌채용 칼로 조심스럽게 열매를 따기도 한다.

○ 카카오 콩은 그대로 먹을 수 있나요?

갓 수확한 카카오 콩은 맛이 쓰기 때문에 그냥 먹을 수 없어서 발효를 시켜 쓴맛을 줄여야 한다. 카카오 열매에서 씨를 빼내면 곧바로 다양한 화학적, 물리적 변화가 일어나는 발효과정을 거치게 되는데 이 과정에서 초콜릿 특유의 향이 만들어지게 된다.

즉, 축축하고 끈적끈적한 카카오 콩을 커다란 바나나 잎이나 야자수 잎 사이에 넣어 샌드위치처럼 여러 겹으로 만들어 일주일 동안 계속 뒤집어 주면 쓴맛이 없어지고 콩 속의 전분 성분이 당으로 바뀌어

단맛이 나게 된다. 마치 바나나가 익을수록 더 달콤해지는 것과 비슷한 현상이라고 볼 수 있다. 즉, 이러한 발효 과정을 통해 카카오의 쓴 맛은 줄어들며 화학적 작용으로 카카오의 맛과 향이 증가하게 된다.

○ 카카오 콩을 말려요

발효가 끝나면 건조 과정으로 들어간다. 건조 과정은 발효를 중단시키는 것을 말하며 쌀을 말리는 방법과 비슷하다. 콩을 대나무나 나무로 만들어진 넓은 판 위에 3~4㎝ 두께로 펼쳐 널어 햇빛에 자연 건조하기도 하고 비가 많이 오고 습기가 많은 지역에서나 대량재배가 이루어지는 곳에서는 인공건조기로 말린다. 이렇게 해서 카카오 원두가 탄생하게 된다. 이 과정 중에 딱딱한 껍질에 둘러싸여 있는 원두에 마른 과육이나 껍질, 먼지, 모래 등과 같은 불순물이 섞여 있으면 이런 것들도 제거해 주어야 한다. 이렇게 발효 건조된 카카오 원두는 카카오 재배 국가를 떠나 초콜릿 제조업자에게 넘겨진다.

○ 카카오 콩을 볶으면 초콜릿 향이 나요

130℃의 열에 30~40분 정도 볶은 카카오는 초콜릿 특유의 맛과 향을 내게 되고, 여러 가지 변화가 일어난다. 즉 수분이 줄어들며 볶는 과정에서 열기에 의해 카카오 원두가 터지면서 전체적인 부피가 늘어나고 일부 신맛이 제거되고 겉껍질이 벗겨진다. 좋은 초콜릿을 생산해 내기 위해서는 다른 품종의 카카오 원두들을 섞기도 한다.

○ 카카오 콩을 부수면 코코아 가루가 나와요

아즈텍(Aztec)인들은 돌 아래 불을 피워 달구어진 돌 위에서 방망

이로 카카오 원두를 갈아 그 압력과 열로 인해 용해되면서 나온 카카오 반죽으로 초콜릿 음료를 만들었다. 18세기 전반에 들어서 수력이나 증기력에 의해 작동되는 분쇄기가 등장하게 되었다.

카카오 콩이 다 구워지면 껍질을 제거한 뒤 작은 조각으로 빻은 후 고온, 고압 상태에서 빻은 가루를 압착한다. 참기름이나 콩기름을 짜듯 카카오 콩을 쥐어짜듯이 강하게 압착하면 두 가지 용액, 바로 코코아 버터와 초콜릿 원액이 흘러나오게 되는데 코코아 버터는 투명한 지방이므로 가벼워서 위로 뜨고 검고 향기로운 초콜릿 원액은 상대적으로 무거워서 밑으로 가라앉게 된다. 짜고 남은 갈색의 가루는 곱게 갈아서 코코아로 만든다.

코코아 버터와 초콜릿 원액은 초콜릿의 가장 중요한 재료다. 코코아 버터는 초콜릿이 입안에서 녹게 하는 역할을 한다. 초콜릿 원액은 향긋하고 진한 향을 내지만 그냥 먹기에는 너무 쓰기 때문에 설탕을 넣어야 한다. 이때 베이킹소다(Baking soda)와 비슷한 화학물질을 첨가하면 초콜릿은 더 부드럽고 순한 맛이 나며 색은 더욱 검어진다.

다크 초콜릿의 기본 재료는 세 가지인데 초콜릿 원액, 코코아 버터와 설탕이 바로 그것이다. 여기에 카카오 콩으로 만든 레시틴(Recithin)을 조금 넣어준다. 레시틴은 코코아 버터와 초콜릿 원액을 잘 섞어주는 유화제인데 유화제는 물과 기름처럼 재료의 밀도가 서로 달라서 잘 섞이지 않는 물질들을 적절하게 섞이게 만드는 역할을 한다. 밀크 초콜릿에는 건조 우유의 분말이 들어간다. 커피에 크림을 넣는 것처럼 초콜릿에 우유를 넣으면 맛이 한층 부드러워진다. 쓴맛이 나는 다크 초콜릿보다 달고 부드러운 맛이 나는 밀크 초콜릿을 좋아하는 사람들도 많다. 이렇게 하나의 덩어리로 혼합된 재료를 롤러로 부수고

콘치라는 커다란 통에 넣으면 초콜릿 덩어리는 한층 부드러워지고 코코아 버터와 초콜릿 원액도 잘 섞이게 된다. 따뜻하고 부드러워진 혼합물을 초콜릿 형태의 틀에 채우고 딱딱해질 때까지 천천히 식혀서 포장만 하면 완제품이 탄생하게 된다.

□ 초콜릿 속에는 어떤 과학의 원리가 들어 있을까?

밸런타인데이뿐만 아니라 초콜릿을 사랑의 상징으로 이용한 사례는 역사적으로도 쉽게 찾아볼 수 있다. 멕시코 치아파스(Chiapas)의 원주민들은 결혼할 때 신랑 신부가 카카오 다섯 알을 서로 주고받으며 결혼의 증표로 삼았고, 마야(Maya)의 왕족들은 붉은 음료와 초콜릿을 함께 보내 청혼을 했다고 한다. 이렇게 아주 오래전부터 초콜릿을 사랑에 연결시켰던 이유는 의외로 과학적이다. 초콜릿에는 페닐에틸아민(Phenylethylamine, $C_8H_{11}N$)이라는 성분이 들어 있는데 흥미롭게도 이 물질은 우리가 "사랑에 빠져 있을 때 분비되는 화학 물질"이기도 하다.

초콜릿 속에 포함된 300여 가지 화학 물질 중에서 우리를 기분 좋게 하는 물질인 페닐에틸아민(Phenylethylamine, $C_8H_{11}N$)은 좋아하는 이성을 바라보거나 손을 잡을 때와 같이 사랑하는 감정을 느낄 때 분비되는 물질로 보통 100그램의 초콜릿 속에 약 50~100밀리그램 정도 포함되어 있다.

페닐에틸아민은 페닐알라닌(phenylalanine)이라는 필수아미노산(Essential amino acid)으로 만들어지고 몸에 페닐에틸아민(Phenylethy-

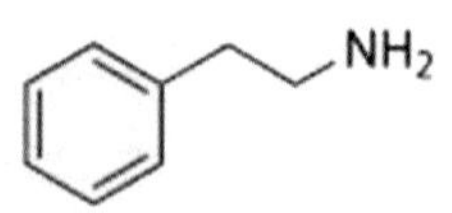

〈그림 3〉 페닐에틸아민 구조

lamine)을 주사하면 혈당이 올라가고 혈압이 상승하게 되는데, 이것은 우리 몸에 긴장감을 느끼게 해주며 뇌에서 도파민(dopamine)을 방출하는 방아쇠 역할도 하여 기분 좋은 상태를 유지하게 해준다.

초콜릿의 또 다른 성분 중 우리의 관심을 끄는 화학 물질은 카페인(caffeine, $C_8H_{10}N_4O_2$)과 티오브로민(theobromine, $C_7H_8N_4O_2$)이라는 물질이다. 카페인에 대해서는 많은 사람들이 그것의 화학 구조는 몰라도 커피나 탄산음료

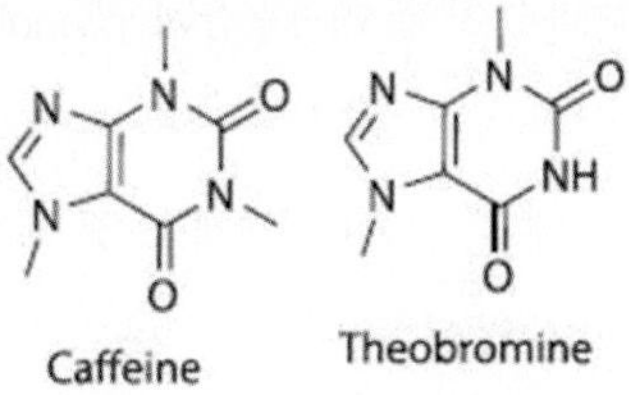

〈그림 4〉 카페인과 티오브로민 구조

등에 포함된 물질이라는 것은 잘 알고 있다. 그러나 초콜릿에는 카페인과 화학 성분이나 분자 구조가 거의 유사한 티오브로민(theobromine)이라는 화학 물질이 카페인보다 더 많이 들어 있는데 티오브로민(theobromine)은 이뇨작용, 근육이완작용, 심장박동촉진, 혈관확장을 하는 물질로 알려져 있다. 초콜릿을 먹고 나면 사람에 따라 일시적으로 기분이 좋아지고 피로감도 덜 느끼고, 약간의 긴장감을 느끼는데, 이것은 모두 다 이 화학 물질들이 만든 결과라고 할 수 있다.

하버드 대학교 의과대학의 노만 홀렌버그 박사는 파나마 근처의 산블러스 제도(San Blas Island)에 살고 있는 쿠나 인디언들에게는 고혈압으로 인한 질병이 없다는 사실을 밝혀냈다. 그 비밀은 인디언들이 평소에 즐겨 먹는 카카오에 들어 있는 폴리페놀(Polyphenol)에 있었다. 폴리페놀은 적포도주, 사과와 같은 식품에도 많이 들어

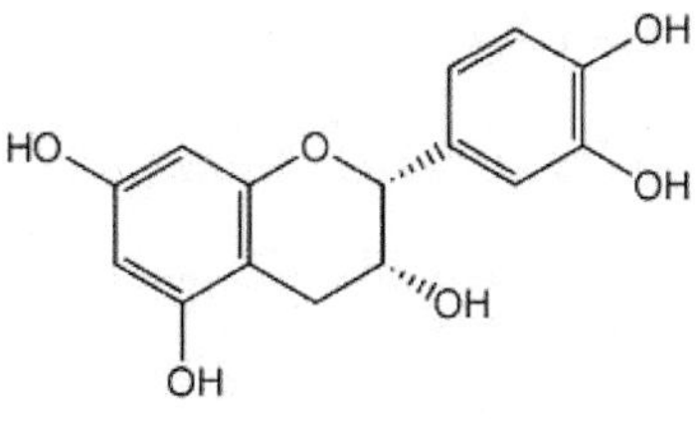

〈그림 5〉 폴리페놀 구조

있지만 카카오에 가장 많이 들어 있다. 이 성분은 혈액이 응고되는 시간을 늦춰주고, 혈관확장에 도움을 줌으로써 혈압을 낮추고 뇌졸중, 심장마비와 같은 질환의 위험률도 떨어뜨린다. 이렇게 고혈압에 효과적인 폴리페놀(polyphenol) 성분은 카카오 생산지에 따라 함유량이 다르고 처리 과정에 따라 차이가 난다. 폴리페놀(polyphenol)은 열에 매우 민감해서 제조 공정이 너무 길어지면 성분이 파괴되고 특유의 쓴맛이 줄어든다. 다크 초콜릿에는 밀크 초콜릿보다 폴리페놀이 더 많이 들어 있는 반면, 화이트 초콜릿에는 폴리페놀이 전혀 없다. 초콜릿 원액이 들어가지 않은 화이트 초콜릿에는 여러 가지 첨가물들이 많이 들어가기 때문에 폴리페놀이 많은 다크 초콜릿이 건강에 도움이 된다고 할 수 있다.

우리 인체는 여러 가지 원인에 의해 체내 항상성 균형이 깨어지게 되면 조직의 산화적 손상 및 염증반응이 가속화되어 암, 심혈관질환, 노화, 치매, 당뇨 등 여러 질병을 일으키게 된다. 최근에는 이러한 질병들을 예방하는 과일, 채소, 포도주, 녹차, 허브차 등 폴리페놀 성분을 함유하고 있는 식품들이 주목을 받고 있다. 폴리페놀 성분들은 항산화제로 잘 알려져 있는 비타민보다 뛰어난 항산화, 항염증 효능을 지니고 있으며, 최근에는 여러 질병과 관련된 단백질의 활성을 억제함으로써 암을 비롯한 여러 질병에 예방효능이 있다는 연구결과들이 발표되고 있다.

특히 그중에서도 가장 많은 폴리페놀을 함유한 식품 중 하나로 꼽히는 카카오 폴리페놀의 생리활성작용에 대한 관심이 증대되고 있다. 카카오의 주요 생리활성작용을 몇 가지로 요약해 보면, 첫째 카카오 폴리페놀은 발암과정과 밀접한 관련이 있는 다양한 단백질들의 발현

을 억제함으로써 암 발생을 억제한다. 또한 나쁜 콜레스테롤(choles-
terol)인 저밀도 지단백질(low density lipoprotein: LDL)이 산화되어 동
맥경화의 진행을 촉진하는 것을 방해하여 동맥경화, 심장병, 뇌질환
등 순환기 관련 여러 질병의 억제효능이 있다는 것이 밝혀졌다.

둘째, 카카오 폴리페놀은 알츠하이머의 원인물질인 베타 아밀로이
드(beta amyloid) 생성을 억제하고 산화적 스트레스에 의한 신경세포
사멸을 방어함으로써 퇴행성 뇌질환에 효과가 있을 가능성이 새롭게
나타나고 있다.

일반적으로 노화의 원인은 활성산소와 염증과정을 통한 세포변형
이라고 밝혀지고 있으며 암, 심장질환, 치매, 당뇨와 같은 만성질환도
사실은 노화과정과 유사하게 산화적 스트레스 및 염증의 반복과정을
방치할 경우 세포가 고장 나서 생기는 것이라고 이해할 수 있을 것이
다. 따라서 충분한 카카오 폴리페놀의 섭취는 각종 주요 성인병 예방
에 도움을 준다고 볼 수 있다.

초콜릿에 함유된 지방도 중요한 요소이다. 초콜릿에 포함된 지방
은 약 60% 이상이 포화지방이다. 자연에서 얻어지는 지방은 일반적
으로 포화지방과 불포화지방이 서로 섞여 있는 경우가 많은데 두 성
분의 비율에 따라 녹는 온도, 끓는 온도 등이 달라진다. 초콜릿에 포
함된 지방은 포화 및 불포화 지방의 구성 비율을 잘 맞추어 우리 몸
의 온도 36.5℃에 녹게 만든 것이다. 좋은 코코아 버터를 사용한 초콜
릿은 콜레스테롤 수치에 별다른 영향을 미치지 않지만 값싼 포화지
방을 사용한 초콜릿은 콜레스테롤 수치를 높이게 된다. 따라서 광고
문구나 제품 뒷면에 표기된 재료명과 성분표에서 어떤 재료를 썼는
지 꼭 확인하는 습관을 들이는 것이 좋다.

또한 초콜릿은 설탕 성분이 들어 있어 당도가 높다. 설탕 성분은 세레토닌(seretonine)이라는 신경전달물질의 분비를 촉진시키는데, 이 물질은 긴장을 풀어주는 역할을 한다. 시험칠 때 초콜릿을 선물하는 이유가 바로 여기에 있다.

하지만 초콜릿 속에 들어 있는 지방과 당분은 높은 칼로리를 발생시켜 영양의 불균형을 가져오기도 한다. 불필요한 칼로리가 쌓여 비만이 되며 체중이 너무 많이 불어나면 심장병, 당뇨병과 같은 심각한 병에 걸릴 확률이 높아지게 되는 것이다.

아무리 잘 만든 초콜릿이라 하더라도 규칙적인 식습관과 건강한 식단보다 더 좋을 수는 없다. 과일과 채소를 충분히 먹으면 신진대사가 활발해지고 이렇게 안정된 조건에서야 비로소 초콜릿은 효과를 발휘할 수 있다.

□ 착한 초콜릿을 먹어요

테오브로마 카카오(Theobroma cacao)라는 학명을 지닌 초콜릿 나무는 적도에서 남북으로 위도 20도 이내, 그리고 해발 300미터 아래쪽에서만 자라는 까다로운 나무이다. 또 큰 나무가 드리우는 그늘과 적당한 습도, 16℃ 이상의 온도가 유지되어야만 잘 자랄 수 있다. 또한 병충해에 약해서 재배에 매우 어려움이 많다. 그래서 카카오나무는 특정 지역에서만 자랄 수 있고 대부분 카카오나무가 자라는 지역은 아프리카와 동남아시아 지역이다. 그런데 이곳은 여러분들도 잘 알다시피 경제적으로 가난한 나라들이 많고 어린이들이 카카오 농장에서 힘들게 일하는 경우가 많다. 결국 우리가 손쉽게 사 먹은 초콜릿을 만드는 데 우리 또래의 어린이들의 피와 땀이 들어 있다고 볼 수 있다. 그래서 우리는 초콜릿을 먹을 때마다 카카오 농장에서 힘들게 일하는 우리 또래의 친구들도 생각해 보고 그 친구들이 힘들게 일한 노동의 대가를 받을 수 있도록 정당한 가격을 주고 초콜릿을 사는 방법을 고민해 보아야 할 것이다.

그리고 이러한 고민들을 해결하기 위한 제도가 공정무역 상품의 소비이다. 세계화가 진전되면서 세계시민성 교육의 중요성이 대두되었고, 적극적인 구매를 통하여 제3세계의 가난한 생산자들을 돕기 위한 윤리적 소비와 착한 소비를 구현하려는 공정무역 운동이 활발하게 이루어지고 있다. 공정무역은 대화와 투명성, 상호존중에 입각한 무역협력으로서 제3세계의 소외된 생산자들과 노동자들에게 보다 좋은 무역조건을 제공하고 그들의 권리를 보장해줌으로써 지속 가능한 발전에 기여한다. 따라서 소비자에게는 보다 믿을 수 있는 제품을 제공할 뿐만 아니라, 타인을 배려할 수 있는 공동체적인 윤리적 소비와 지속 가능한 소비를 실천할 수 있는 기회를 제공한다.

공정무역은 200여 년 전 노예제도에 반대해 시작된 서인도제도의 설탕 불매운동에서부터 그 뿌리를 찾을 수 있다. 대규모의 농장 유지를 위해 대서양의 노예무역으로 노예들의 노동력을 활용한 영국에서는 부와 노동, 소비재 상품의 생산에서 노예를 통해 대단위의 경제적인 이익을 얻는다. 이를 반성하는 양심적인 지식인층을 중심으로 노예무역금지, 노예해방운동이 전개된다. 이러한 서구 선진국을 중심으로 시작된 공정무역의 실질적인 출발은 윤리적인 자기반성과 소비자로서의 책임의식에서부터 출발했다고 볼 수 있다.

공정무역은 1946년 미국의 시민단체인 텐 사우전드 빌리지(Ten

Thousand Village)에서 푸에르토리코의 수공예 제품을 구매하는 것을 처음으로 시작되었다. 우리나라에는 2002년 9월 '아름다운 가게'에서 아시아 지역에서 수입한 수공예품을 판매함으로써 공정무역이 시작되었다. 공정무역상품은 개발도상국의 전형적인 수출상품인 커피, 바나나, 차, 코코아, 목화, 과일, 수공예 제품이 주를 이룬다. 우리나라의 경우 공정무역으로 취급하는 품목은 커피, 초콜릿, 마스코바도(설탕)를 비롯하여 200여 개가 있다. 공정무역 제품은 생활협동조합, NGO 단체의 국제연대뿐만 아니라 몇 년 전부터는 백화점과 대형할인매장에서도 판매하고 있고, 공정무역 커피를 판매하는 카페도 생기고 있다. 우리나라는 유럽 국가들에 비하여 공정무역 상품에 대한 소비자들의 인식이 매우 낮은 편이고, 백화점이나 대형할인매장보다는 시민단체에서 주로 판매하고 있다.

공정무역에 대한 소비자들의 인식을 높이기 위해서는 대중매체의 주목을 받을 수 있는 행사를 계획해서 실시하고, 라디오, TV, 신문, 인터넷 포털사이트 등에서 계속해서 공정무역을 홍보할 수 있는 방안을 마련해야 한다. 시사주간지 <한겨레 21>이 공정무역 판매제품 중 하나인 '착한 초콜릿' 열풍의 진원지가 된 것은 좋은 예로 들 수 있다. 초콜릿 원료가 되는 카카오의 최대 생산국인 서부 아프리카 코트디부아르 카카오 농장 아동들의 실태를 취재 보도한 "초콜릿은 천국의 맛이겠죠"라는 인터넷 기사는 많은 소비자들의 관심을 불러일으켰다.

[1] 인류 최초의 카카오나무는 누가 어디에서 재배하였을까? 초콜릿을 '신들의 음식'이라고 하는 이유는 무엇인지 생각해 보자.

[2] 오늘날 멕시코 지역의 아즈텍인들이 재배하던 카카오가 유럽으로 건너간 역사적인 계기는 무엇이며 어떤 과정을 통해 전 세계에 퍼질 수 있었는지 생각해 보자.

[3] 최초의 마시는 초콜릿에서 오늘날 우리가 먹는 초콜릿으로 변신이 가능할 수 있었던 이유는 무엇인지 생각해 보자.

[4] 화폐의 기능을 대신한 카카오 열매의 가치를 오늘날의 화폐로 환산하면 과연 얼마나 될까?

[5] 카카오나무의 생김새에 대해 알아보자. 카카오나무의 꽃과 열매는 어떻게 생겼으며, 어떤 색깔을 가지고 있는지 생각해 보고 그려 보자.

[6] 카카오나무는 키우기가 아주 어려운 나무이다. 카카오나무를 잘 키우려면 어떤 조건을 갖추어야 할지 또 그러한 재배 조건을 갖추고 있는 곳은 어떠한 지역인지 생각해 보자.

[7] 카카오나무에 달린 열매가 어떤 과정을 거쳐 초콜릿 공장으로 이동할까? 이동 과정을 추적해 보자.

[8] 초콜릿 제조 공정을 알아보자.

[9] 카카오 수출국의 지리적 특징, 역사, 경제적 상황에 대해 이야기 나누어 보자.

[10] 카카오 수입국의 지리적 특징, 역사, 경제적 상황에 대해 이야기 나누어 보자.

[11] 유럽 열강의 식민지 쟁탈에 의해 희생된 라틴아메리카의 인디오 원주민과 아프리카의 흑인 노예에 대해 생각해 보자.

[12] 카카오 재배 및 초콜릿 생산을 위해 동원된 노예 및 아동 노동의 문제점 과 바람직한 초콜릿 소비를 위한 우리의 행동에 대해 생각해 보자.

더 알아보기

1. Sarah Moss, 강수정 역, 주영하 감수,『초콜릿의 지구사』휴머니스트(2012)
2. Jephree Hurst, 강주현 역,『Chocolate Science 초콜릿-과학적 상상력이 터지는 달콤한 화학』동아사이언스(2012)
3. 정한진,『초콜릿이야기-이국적인 유혹의 역사』살림(2012)
4. 여인형,『퀴리부인은 무슨 비누를 썼을까?』한승(2011)
5. Sally Grindliely, 정미영 역,『나쁜 초콜릿』봄나무(2011)

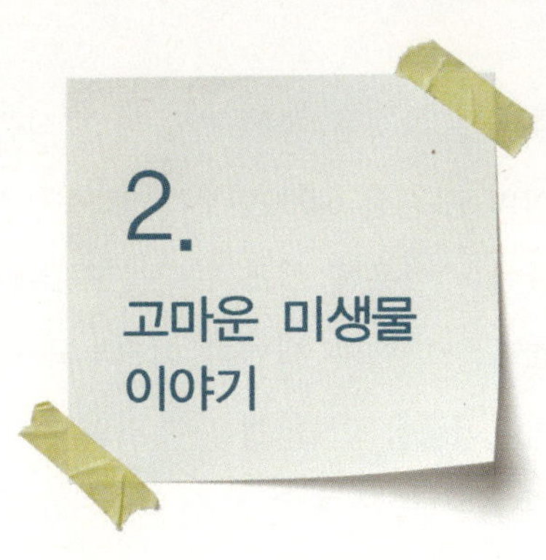

□ 세상에는 고마운 곰팡이, 착한 세균도 있어요

공기나 물처럼 사람이 생명을 유지하기 위해서 꼭 필요한 것 중의 하나가 식품이다. 우리는 식품을 섭취함으로써 건강한 삶을 유지하게 되는데 식품을 어떻게 섭취하는가는 나라와 민족마다 다르다. 주로 사람들은 살고 있는 지역의 자연 환경 및 종교, 여러 사회 문화적 환경과 영향을 주고받으면서 각 민족 고유의 독특한 식문화를 갖게 된다. 그렇기 때문에 세계 여러 나라에서 각각 그 지역 고유방식으로 만들어지는 발효식품은 그 나라 식문화의 뿌리가 되기도 하고 그 민족의 정서와 지혜를 담아내는 전통음식으로 발달하게 된다.

사람들은 아주 옛날부터 곰팡이나 효모와 같은 미생물을 이용하여 식품을 가공하는 방법을 경험적으로 터득해 왔다. 이러한 곰팡이나 효모와 같은 미생물이 자신의 효소로 식품 중의 유기물을 분해 또는 변화시켜 각기 특유의 최종 산물을 만들어 내는 현상을 발효라 하며,

발효라는 과정을 통해 만들어진 식품을 발효식품이라 한다.

이미 기원전 6,000년부터 효모를 이용해 맥주를 만들었던 인류는 곰팡이를 이용해 치즈를 만들고 초산균을 이용해 식초를 만드는 등 발효라는 단어가 생기기 이전부터 미생물을 발효에 이용해 왔다.

발효식품을 만들 경우 주위의 자연 환경에 의해 품질이 좌우되어 어떤 때는 좋은 제품을 얻을 수 있지만 때로는 그렇지 못할 때도 있다. 미생물에 대한 연구가 활발해진 현대에는 발효식품에 유익한 미생물을 작용시켜 과학적으로 발효식품을 만들지만 옛날에는 사람에게 유익한 미생물의 작용에 대한 지식이 없이 발효가 진행되는 과정을 경험을 통해 터득하였다. 따라서 좋은 맛의 발효식품을 얻기 위해 많은 정성과 노력을 기울여야 했는데 우리나라의 경우 옛날 가정에서 장 담기나 술을 빚을 때는 좋은 날을 받거나 금줄을 치는 등 여러 금기사항을 지켜야 하는 풍속을 낳기도 했다.

이러한 발효식품은 인간의 역사와 함께해왔으며 미생물학의 발전과 깊은 관련성을 지니고 있다. 미생물은 자연 환경에서 유기물의 분해와 재이용이라는 중요한 역할을 수행하면서 우리에게 유익하게 이용되어 왔다.

즉 발효란 미생물, 특히 유용한 미생물인 프로바이오틱스(probiotics)가 당질을 이용하여 발효산물로 알코올, 유기산, CO_2 등을 생성하는 것이다. 발효식품은 큰 분자의 영양소를 작은 분자로 분해하여 소화에도 좋으며, 유기산 등이 생성되는 산성식품으로 김치 같은 경우는 식중독균 및 병원균의 생성을 억제한다. 또한 맛과 조직감을 좋게 하며, 무엇보다도 건강 기능성을 증진시키는 효과를 갖는다. 이렇듯 발효는 재료의 맛과 향미, 조직감을 더 좋게 만들고 유산, 초산과 같은 여러 유기산을 생성하여 부패성 균이나 식중독균 등의 병원성 균이 잘 자라지 못하게 함으로써 건조식품같이 식품의 저장성을 증진시키며 안전성을 확보하는 역할도 한다. 식품 발효과정을 통해 독성물질 파괴, 소화성 증진 효과를 가지며 우리 몸에 필수적인 비타민 등이 생성되어 영양학적 가치가 높아진다. 발효에 참여하는 주요 미생물들은 식용이 가능한 유용한 균들이며 탄수화물, 지질, 단백질 등을 분해하는 가수분해효소 및 기타효소를 생성한다.

식품은 미생물에 의해 독성을 지니기도 하고 곰팡이에 의해 오염될 경우 부패되어 식중독을 일으키는 위험한 요소가 되기도 하지만 미생물의 작용에 의해 식품의 좋은 맛과 풍미, 소화성 증진 등 사람에게 여러 가지 이로움을 주기도 한다.

발효식품은 한 가지 또는 둘 이상의 미생물이 관여하여 만들어지며 모든 발효식품은 세계 여러 지역에서 그 자연 환경의 특성에 맞게 이미 오래전부터 이용되어 왔다.

농산물, 축산물, 수산물 등 다양한 식품들이 발효식품의 재료로 쓰이지만 각각의 성분들이 미생물의 작용으로 분해되고 또 새로운 성분이 합성되어 영양가가 향상된다. 그뿐만 아니라 저장성이 증가되고, 식품의 향, 풍미, 조직감, 기호성 등이 우수해지게 된다. 예를 들어 발효식품인 장류나 김치는 단순한 식품재료인 콩이나 배추 등이 '발효'라는 과정을 거치면서 영양학적인 가치뿐만이 아니라 독특한 풍미와 함께 새로운 생리활성물질을 생성하여 건강 기능성 식품으로서의 기대효과 및 성인병 예방과 치료기능까지 있다는 사실이 밝혀지고 있다. 대표적인 발효식품으로는 콩 발효식품인 간장, 된장, 청국장, 고추장 등과 채소 발효식품인 김치류와 장아찌, 젓갈류, 식초류,

주류 및 유발효 식품인 치즈, 버터, 요거트, 빵 제품 등이 있다.

□ 발효과학이 뭐예요?

○ 발효와 부패는 어떻게 다를까?

미생물이 작용하여 식품 품질의 변화를 일으키는 경우를 우리의 생활 주변에서 흔하게 관찰할 수 있다. 미생물은 너무 작아 눈에 보이지 않는 작은 생명체이지만 어떤 조건에서도 살아갈 수 있다. 산소가 있거나 없는 상황에서도 증식하며 빛이나 영양성분, 물의 유무, 다양한 수소이온지수(pH)의 조건하에서도 증식하게 된다. 결국 다양한 미생물은 다양한 조건에서 제각각의 모습으로 증식한다고 볼 수 있다.

우리가 살고 있는 환경에서 미생물이 없는 곳은 거의 없다. 자연계에 존재하는 수많은 미생물들은 대부분 인간에게 무해하나 일부는 식중독을 유발하기도 한다. 식품원료나 그 제품에도 미생물이 증식하게 되고 이 과정 중 미생물이 만들어 내는 물질로 인해 색, 냄새, 외관, 질감이 변화하기도 한다. 이러한 미생물에 의한 유기물의 분해현상 중 사람에게 있어 유용한 경우에 한하여 발효라고 부르고 미생물이 유기물을 분해할 때 악취를 내거나 유독물질을 생성하여 유용하지 못한 경우에 한하여 부패라고 한다.

수많은 미생물 중 일부는 부패를 일으켜 위생적으로 문제를 일으키기도 하지만, 일부는 발효라 하여 그 해당 미생물이 더 증식하도록 주변의 조건을 조절하기도 한다. 이러한 발효와 부패 과정의 차이는 사람들이 느끼는 감각적인 느낌에 의존하는 경우가 많다.

예를 들어 여름철 수산시장에서 나는 냄새는 단백질이나 아미노산이 미생물의 증식으로 인해 분해된 황화수소, 암모니아의 냄새다. 하지만 단백질이 미생물에 의해 부패하는 냄새가 난다고 단백질 식품이 관련되어 있으면 모두 부패라고 말하기 어려운 경우도 있다. 일례로 치즈는 우유 중의 단백질 성분에 미생물인 곰팡이의 작용으로 만들어진 제품이지만 이것은 발효식품으로 알려져 있다. 이와 비슷한 예로 탄수화물을 미생물이 이용하면 젖산이 풍부한 요거트를 얻고 알코올 발효를 이용하면 술을 만들 수 있지만 여름 장마철에 방치한 밥이나 나물, 과일류 등에서는 부패현상을 볼 수 있다. 같은 원료에서도 발효나 부패는 구분하기 어려울 때가 있다. 콩의 경우 삶아서 짚 위에 두고 이불을 덮어 따듯한 방에 두면 콩에 진이 나며 끈끈한 점질물질로 둘러싸인 청국장이 된다. 이는 짚에 사는 고초균(*Bacillus subtilus*)의 증식에 의한 것이다. 그러나 콩을 삶아 그냥 방치하면 끈끈한 점질물질이 생기나 불쾌한 암모니아 냄새가 나므로 이 과정은 부패라고 한다.

같은 미생물의 작용에도 발효과정과 부패과정이 함께 올 수 있다. 예를 들어 빵을 만들 때 사용하는 이스트인 사카로미세스 세레비세(*Saccharomyces serevisiae*)는 밀가루 반죽이 부풀 수 있도록 이산화탄소를 생산하지만 여름철 김밥에 증식하게 되면 부패를 일으킨다. 유산균은 요거트를 만드는 데 중요한 미생물이나 햄 등에서는 부패균이 되기도 한다. 결국 발효와 부패는 미생물이 유기물에 작용해서 일으키는 현상이라는 점에서는 같으나 인간의 기호를 만족시키느냐 아니냐에 따라 편의적으로 사용되며 일반적으로 인간이 이용하려는 물질이 만들어지면 발효라 하고 유해하거나 원하지 않은 물질이 생겨나면 부패라고 부른다.

O 발효를 일으키는 미생물에는 어떤 것들이 있을까?

식품을 발효시키는 목적은 맛과 향, 저장성을 증진시키기 위한 것이다. 발효에 참여하는 미생물 종류에 따라 발효식품의 맛, 기능성, 저장성이 달라지고 이 과정에서 부패를 일으키는 균이나 식중독균 같은 병원성 균이 잘 자라지 못하게 함으로써 식품의 안전성을 지키는 역할도 하게 된다.

발효에 관여하는 주요 미생물로는 세균류, 효모, 곰팡이가 있다. 세균류로는 유산균, 비피더스균 등이 있으며 발효에 참여하는 유산균은 주로 당을 분해하여 유산 등 유기산을 생성한다. 김치에서 발견되는 유산균은 루코노스톡 메센트로이드스(*Leukonostoc mesentroides*)이며 요구르트에 사용되는 대표적 균주는 락토바실러스 불가리쿠스(*Lactobacillus bulgaricus*)이다. 효모로는 빵효모인 사카로미세스 세레비세가 가장 많이 사용된다. 맥주효모로는 사카로미세스 칼스버제네시스(*Saccharomyces Calbergenesis*)가 주로 이용되고 있으며 청주에 사용되는 효모는 사케 이스트(*Sake Yeast*)라 하여 사카로미세스 사케(*Saccharomyces sake*)가 주 발효균으로 관여하고 있다. 포도주는 주로 자연 발효를 많이 하지만 자연적으로 포도에 존재하는 사카로미세스 세레비세(*Saccharomyces cerevisiae*)와 스타터로 사카로미세스 에립소이디우스(*Saccharomyces ellipsoideus*)가 사용된다.

발효에 사용되는 곰팡이 속은 아스페르질러스(*Aspergillus*), 리조푸스(*Rhizopus*), 무코르(*Mucor*), 페

〈그림 6〉 *Aspergillus oryzae*

니실리움*(Penicillium)*, 모나스커스*(Monascus)*속 등이 주로 사용된다. 장류 발효 시 사용되는 주 곰팡이는 아스페르질러스 오리제*(Aspergillus oryzae)*로 황국균이라고도 한다. 곰팡이는 아플라톡신(aflatoxin)이라는 곰팡이 독을 생성해 간암을 일으킬 수 있는 발암물질을 생산하여 위험할 수 있으므로 오염이 되지 않도록 해야 한다. 우리나라 메주 또한 막걸리 제조를 위한 누룩에도 여러 종류의 곰팡이들이 관여하고 있는데 아스페르질러스*(Aspergillus: 누룩곰팡이)*속뿐만 아니라 리조푸스*(Rhizopus: 거미줄곰팡이)*, 무코르*(Mucor: 털곰팡이류)*속 곰팡이가 누룩의 자연 발효에 관여하고 있다. 페니실리움*(Penicillium)*속 중에는 블루 치즈를 생산하는 데 사용되는 페니실리움 로케포르티*(Penicillium rouqueforti)*가 유명하다.

발효에 작용하는 미생물의 종류에 따라 발효식품의 종류가 달라지는데 유산균이 작용하는 발효식품에는 우리나라의 김치와 독일의 사워크라우트(Sauerkraut)가 대표적이며, 육류로는 소시지, 유제품으로는 요거트와 같은 발효유가 있다. 효모가 작용하는 발효식품은 맥주, 과일주, 청주, 빵 등이 있으며 초산균은 주로 알코올을 발효시켜 식초를 만든다. 유산균과 세균, 효모, 곰팡이가 복합적으로 작용하여 발효를 일으키는 식품으로는 우유를 이용한 치즈, 발효유가 있으며 콩을 이용한 된장, 간장, 고추장 등이 있다.

○ 발효식품에는 어떤 것이 있는지 알아볼까요?

발효식품은 발효의 재료가 되는 식품군에 따라, 그리고 미생물의 종류에 따라 분류할 수 있다. 식품군에 따른 분류로는 우유를 이용한 발효식품으로 치즈, 요구르트, 사워크림 등이 있으며, 육류를 이용한 식품으로는 살라미, 소시지 등이 있다. 곡류를 이용한 제품으로는 발효 빵과 피자를, 과채류를 이용한 제품으로는 사워크라우트(Sauerkraut), 김치 등을 들 수 있다. 콩을 이용한 식품으로는 템페, 간장, 미소, 된장, 청국장 등이 있다.

발효에 작용하는 미생물의 종류로는 유산균의 경우 채소류로 김치와 사워크라우트(Sauerkraut)가 대표적이며 육류로는 소시지, 유제품으로는 발효유, 치즈 등이 있다. 효모가 작용하는 발효식품은 맥주, 막걸리, 청주, 빵 등이 있으며 유산균과 세균, 효모, 곰팡이가 복합적으로 작용하는 발효식품은 우유를 이용한 치즈, 발효유가 있으며 콩을 이용한 된장, 간장, 고추장 등이 있다.

콩을 이용한 발효식품으로는 우리나라의 경우 간장과 된장이 대표적이라고 할 수 있다. 장을 만드는 처음 과정은 가을에 수확한 콩(대두)을 삶아 메주를 만드는 과정에서 시작한다. 콩에는 단백질, 지방, 섬유질, 올리고당이 들어 있다. 볏짚에 매달아 둔 메주에 효모와 곰팡이가 번식하면 이 메주를 소금물에 담가두는데 이때 메주와 곰팡이와 효모, 기타 알 수 없는 여러 미생물이 생성하는 다양한 효소의 작용으로 맛과 향이 생겨 간장 고유의 감칠맛이 생기게 된다. 건진 메주는 된장으로, 간장은 달여서 조미료로 사용한다. 콩에 세균만을 발육시켜서 만든 청국장은 바실러스 나토(Bacillus natto)균에 의한 발효과정으로 된장과 달리 짜지 않으면서 냄새가 강하고 끈적끈적한 점질물질을 만들어 내는 특성이 있다.

김치는 한국을 대표하는 전통발효식품으로 김치의 종류만 200여 가지가 넘는데 이 중 70%는 배추김치다. 배추김치는 배추를 주원료로 하고 무, 고춧가루, 마늘, 생강, 파 등 다른 채소 및 양념에 유산균을

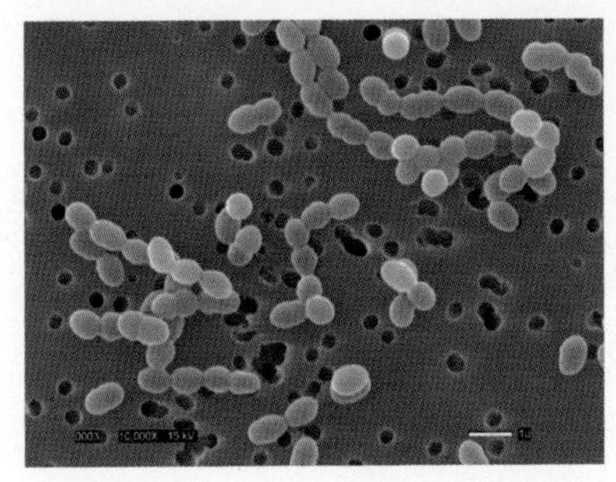

<그림 7> *Leuconostoc mesenteroides*

발효시킨 채소발효식품이다. 우리나라에서 발효식품을 제조하는 일반적인 방법은 자연 발효(natural fermentation)로 원재료에 있었던 미생물을 이용하여 발효하는 방법이다. 환경적 조건을 만들어 원하는 균을 자라게 하여 좋은 맛을 내도록 한다.

김치 같은 경우는 소금에 절이는 동안 부패균들은 거의 제거되고 내염성이 있으며 배춧잎 사이에 존재하는 유산균이 발효에 참여한다. 또한 유산균에 의해 처음에는 루코노스톡(Leukonostoc)속 균이 발효에 참여하다가 pH가 낮아지면서 락토바실러스(Lactobacillus)속 균이 주 발효균으로 참여하여 자연 발효가 이루어진다.

각 발효미생물들은 그 기질에서 가장 적당한 온도, 습도 및 pH 환경을 요구한다. 적당한 온도에서 성장해야 좋은 맛과 기능성을 가진 발효제품이 만들어질 수 있다. 김치의 경우는 김장김치로 저온에서 제조 발효될 때 가장 맛있고 저장성이 있으며 기능성도 높다. 일반적으로 5℃에서 발효될 때 김치의 맛에 영향을 주는 루코노스톡 메센트로이드(Leuconostoc mesenteroides) 균이 잘 자랄 수 있다고 한다. 반면 고온에서 발효되면 락토바실러스 플란타룸(Lactobacillus plantarum) 균이 잘 자라 많이 시어지기만 한다. 발효과정을 거치면서 비타민 B_1, B_2 등이 생산되고 재료로부터 피토케미컬(phytochemical)로 불리는 식물화합물들이 활성성분으로 분해되어 기능성을 증가시키게 된다. 김치의 암 예방 및 항암 기능성은 김치가 가장 적당히 익었을 때 가장 효과가 크다고 하니 이왕이면 너무 시어지지 않았을 때 먹는 것이 좋다.

어패류는 주성분이 단백질이며 수분이 많아 쉽게 부패가 일어난다. 이러한 현상을 막기 위해 갓 잡은 생선에 고농도의 소금을 뿌려두면 가수분해가 진행되어 액체상태, 혹은 흐물흐물한 상태의 젓갈을 얻을 수 있다. 어패류의 발효과정은 채소의 경우보다 더 높은 소금의 농도로 내염성 미생물만 증식하며 이들과 생선의 내장에 있는 여러 가지 효소에 의해 자기소화 과정과 발효 과정이 동시에 진행된다. 이 과정에서 단백질이 분해되어 아미노산 펩타이드가 생산되며 첨가된 소금으로 감칠맛과 짠맛이 나게 된다.

전분은 누룩의 곰팡이와 효모에 의해 알코올로 발효되므로 곡류를 이용하여 술을 제조할 수 있다. 술의 원료인 곡류의 종류와 발효 과정의 차이에 따라 다양한 술이 만들어진다. 곡류를 이용해서 술을 만드는 과정을 살펴보면 먼저 곡류의 전분을 곰팡이의 당화효소로 당화시키는 과정을 거치고, 이때 생성된 당을 이용하여 효모가 작용하여 산소가 부족한 상태에서 알코올 발효를 시키게 된다. 이것을 증류하게 되면 알코올의 농도가 높은 술을 얻을 수 있으며 증류 과정에서 한약재, 꽃, 과일 등의 재료를 첨가하면 향이 나는 다양한 술을 만들 수 있다. 또한 알코올은 초산균의 중요한 기질물질이므로 알코올이 있으면 쉽게 식초를 만들 수 있다. 유명한 와이너리(포도주 양조장)에 가보면 와인식초를 생산하는 곳이 많은 것을 볼 수 있다.

곡류나 전분을 원료로 세균 또는 곰팡이를 이용한 발효식품은 우리나라뿐 아니라 다른 나라에서도 이용되고 있다. 대표적인 예로 밀을 이용한 발효식품으로 발효 빵이 있다. 밀가루에 반죽을 하여 효모를 넣고 발효를 시킨 빵은 발효 과정 중 생성된 탄산가스로 인해 부피가 2배 이상 부풀어 푹신한 질감, 향기, 맛 등 사람들이 좋아하는 특징을 나타내게 된다.

누구나가 좋아하는 피자의 도우는 이러한 발효 빵을 이용한 음식이다. 밀가루와 설탕, 소금, 이스트, 우유, 물 등을 섞은 후 발효시킨 반죽을 둥근 막대기나 손바닥으로 모양을 만들고 그 위에 여러 가지 재료를 올려 구워낸다. 옛날에는 벽돌로 만든 화덕에 장작을 피워서 구워냈다고 한다. 빵 위에 여러 가지 재료를 올리는 것을 '토핑'이라고 하는데 고기를 좋아하는 사람은 볶은 고기나 소시지 등을 토핑하고, 채소를 좋아하면 양파, 감자, 피망을 올려도 된다. 우리나라는 김치를 올려서 김치피자를 만들기도 하는데 이게 바로 퓨전 요리라 할 수 있다. 그런데 피자는 어떻게 해서 만들어진 음식일까? 원래 이탈리아의 전통적인 빵은 얇고 둥근 판 모양이었다. 이러한 모양 때문에 예전에는 접시 대용으로 다른 음식들을 넓적한 빵 위에 올려놓고 먹기도 했는데 이것이 피자로 발전한 것이다.

포유동물의 젖인 우유는 물에 지방, 단백질 유당 등이 골고루 섞여 있는 상태로 자연 상태로 두면 부패와 발효가 쉽게 일어날 수 있는 식품이다. 때문에 미생물을 이용한 발효유는 몇 천 년 전부터 중동아시아에서 이용되어 왔으며 재료가 되는 동물의 젖의 종류, 발효에 이용하는 미생물, 발효 온도에 따라 여러 종류가 있다. 우유를 응고시킨 반고체 상태의 요거트는 우유에 젖산균을 접종하여 35~40℃에 두면 젖산균에 의해 유당이 젖산을 생산하면서 pH가 저하되고 부패균의 성장이 억제되어 부패 과정보다는 발효 과정으로 진행되어 독특한 신맛과 향기성분을 나타낸다. 스타터로는 락토바실러스 불가리쿠스 *(Lactobacillus bulgaricus)*와 스트렙토코커스 써모필러스*(Streptococcus* *thermophilus)*가 많이 사용되며 발효하는 동안 젖산이 증가하여 카제인(casein)의 응고로 알맞은 농도의 응고물을 이루면, 온도를 조절하여 더 이상의 발효 진행을 막아야 한다.

한편 치즈는 응유효소를 이용하여 우유의 단백질(카제인)을 응고시킨 다음 여기에 여러 가지 세균을 접종하고 발효 시간을 달리하는 과정으로 다양한 치즈를 만들어 낸다. 우유의 단백질이 숙성되는 과정에서 단백질 속의 황성분에 의해 특유의 냄새와 맛을 가지게 되며 접종한 균의 종류에 따라서도 모양과 냄새가 달라진다.

치즈가 언제부터 만들어졌는지를 정확하게 파악하기는 쉽지 않지만, 치즈를 만들기 위해서는 가축의 젖을 그대로 두었을 때 응고되는 물질인 커드(curd)가 필요하므로 인류가 가축의 젖을 먹으면서부터 치즈가 만들어졌을 것이라고 추정된다. 최초로 가축을 사용하였던 민족은 중앙아시아의 유목민들이었다. 이들은 중앙아시아를 통해 유럽으로 이동하였고 자연스럽게 치즈를 만드는 기술도 옮겨오게 되었다. 처음 만들어졌던 치즈는 가축의 젖에 있던 유산균이 자연적인 과정을 통해 발효를 거치며 만들어 낸 자연스러운 치즈로 파악된다. 자연스러운 유산균을 통해 만들어지던 치즈의 역사에서 레넷(rennet)을 사용함으로써 굳고(molding), 압축(pressing)되는 과정을 동일하게 전수할 수 있게 되었다. 이를 통해 유럽에서는 다양한 종류의 치즈가 만들어졌다. 레닛의 발견은 정확하게 알려진 것은 없지만 4천 년 전 한 아라비아 상인이 사막을 횡단하면서 양의 위로 만든 주머니에 염소의 젖을 넣어두었는데 하루가 지나 다음날 열어보니 염소 젖이 끈적이는 흰 덩어리로 변화되어 있는 것을 발견한 데서 기원을 찾는다. 레닛은 보통 양이나 송아지의 4번째 위에서 얻을 수 있는데 레닛

(rennine)과 펩신(pepsin)을 함유한 것으로 치즈 만들 때 치즈를 응고시키는 가장 중요한 역할을 한다.

치즈는 세계적으로 400여 종류가 있다. 커다란 바퀴같이 생긴 치즈 속에 구멍이 뚫려 있는 치즈, 또 겉에 하얀 곰팡이, 파란 곰팡이가 피어 있는 치즈도 있고 아주 딱딱하고 커서 대패 같은 것으로 갈아서 먹어야 되는 치즈도 있다. 또 버터처럼 빵에 발라먹는 치즈도 있으며 한번 만지기만 해도 구린 냄새가 하루 종일 남는 치즈도 있다. 이 중에서 이탈리아의 파마산 시에서 만든 파마산 치즈는 우리가 피자를 먹을 때 뿌려 먹는 치즈로 누구나가 좋아하는 치즈이다.

저장과 이동이 용이한 치즈는 과거 로마 병사들에게 있어 중요한 식량 중 하나였다. 때문에 로마 병사들이 머물던 곳에는 치즈와 와인의 제조 방법이 자연스럽게 따라왔고 이를 계기로 전 유럽에 퍼지게 되었다. 특히 육식이 금지된 수도원이나 일부 신도들에게 치즈는 단백질의 주요 공급원으로서 대단히 중요한 역할을 했다. 단조롭고 한정된 식사를 확장시키기 위해 다양한 치즈를 개발해 내는 것과 동시에 치즈의 제조 기술을 마을 사람들과 공유함으로써 전 유럽에 농경 중심의 문화를 이끌어냈다.

19세기부터 유럽의 치즈는 지형적인 특색을 지니기 시작한다. 산악지대나 계곡이 깊은 스위스나 영국에서는 단단한 하드 치즈가 많이 생산되었고, 평야가 넓은 프랑스와 이탈리아에서는 소프트 치즈가 발전하기 시작하였다. 또한 프랑스의 미생물학자인 파스퇴르(Louis Pasteur)가 개발한 저온 살균방식은 이전의 살균처리를 거치지 않은 우유가 미생물 함량이 높아 치즈가 쉽게 상하거나 식중독을 일으키는 등 부작용이 많았던 점을 해결함으로써 치즈의 생산에 더욱 박차를 가하는 계기가 되었다.

치즈에 따라 카제인을 응고시키는 방법(산이나 레닌)과 응고물 생성 후 숙성의 유무가 다르다. 산을 이용하여 응고시킬 때 이 산은 스타터인 박테리아를 이용하여 유당을 젖산으로 생성시키거나 산을 직접 첨가하기도 한다. 보통 산으로 응고물을 만드는 치즈는 숙성시키지 않으며 수분이 80% 이상이다. 이러한 치즈는 맛이 부드럽고 색, 향이 온화하며 대표적으로 커티즈 치즈, 크림치즈, 모짜렐라 치즈가 여기에 속한다. 숙성은 박테리아나 곰팡이를 응고물에 첨가하여 미생물의 종류에 따라 적당한 숙성온도, 습도를 유지하여 독특한 향, 맛, 색, 질감을 생성시키는 과정이다. 숙성기간이 길어질수록 수분의 함유량이 적어지며 경도가 높아진다. 치즈는 숙성하는 동안 미생물의 효소에 의해 영양소의 분해가 일어나 소화되기 쉬우며 단백질, 지방, 칼슘, 비타민 A, 리보플라빈이 풍부한 영양의 밀도가 높은 식품이 된다.

과일은 당의 함량이 높기 때문에 효모를 이용한 알코올 발효가 쉽게 일어날 수 있다. 효모는 당분을 이용하여 알코올과 탄산가스를 만드나 산소가 부족한 상태에서는 탄산가스보다는 알코올을 생산하므로 산소가 부족한 조건을 맞추어주면 술을 만드는 것이 가능해진다. 이 원리를 이용해서 만든 것이 포도주인데 당도가 높은 포도를 으깨서 오크통에 넣고 발효를 시키면 포도주를 만들 수 있다. 효모는 포도의 당을 알코올로 발효시키므로 당 함량이 높은 포도를 사용해야만 아주 좋은 포도주를 만들 수 있다.

포도주는 역사가 매우 오래된 술이다. 기원은 지구 상에 인류가 출현하여 야생의 포도나무 열매를 채취하여 보관하던 중 그것이 자연 발효되어 괴어 있는 것을 마시게 된 것으로 추정된다. 아직까지 누가 처음 포도주를 만들어 마셨는지 정확하게 알려져 있지는 않지만 고대 페르시아와 이집트, 그리스에서 포도주를 만들어 마시기 시작했다 하니 지금부터 6,000년 역사를 가졌다고 짐작할 수 있다. 포도주는 특히 유럽에서 문명을 발전시키고 안정된 사회를 이루는 데 큰 영향을 미쳤다. 포도주를 저장하는 것은 그리스에서 처음 시도되었으며, 그후 B.C.1,000년경에 시리아 북부 및 아프리카를 비롯하여 500여 년간 스페인, 포르투갈, 남부 프랑스까지 퍼져 로마제국 전까지 북부 유럽과 영국까지 번져 나가게 되었다고 한다. 그 후 중세기에 들어오면서 기독교가 세계적으로 전파되어 성찬의식과 음료수로서의 필요에 따라 기독교와 함께 포도주 제조법이 각국으로 전파되었다. 대부분의 유럽 국가는 지반이 석회석으로 되어 물을 음료수로 마시기에 적합하지 못하다. 그래서 프랑스에서는 포도주, 독일에서는 맥주와 같은 알코올음료를 대체 음료수로 개발하여 식사와 함께 마시게 되었다. 식초는 초산균을 이용하여 알코올 또는 당을 발효시킨 것이다. 식초는 사용된 재료에 따라 현미 식초, 과일종류별 식초, 와인 식초 등 아주 다양한 종류의 식초를 만들 수 있다. 식초는 3~5%의 초산을 함유하고 있으며 만드는 원료에 따라 유기산, 당, 아미노산, 알코올 등이 함유되어 있어 맛과 향이 달라지게 된다. 이러한 식초는 시원하고 상쾌하면서 산뜻한 신맛을 주는 조미료로 우리 식탁에 오르게 된다.

□ 우리나라의 발효식품이 슬로푸드라고요?

우리나라의 발효식품은 주로 자연 발효에 의해 만들어진다. 추수를 마친 가을에 긴 겨울을 지나기 위해 음식을 준비하는 과정에서 김치가 만들어졌고 장류도 만들어졌다. 그러나 발효 시 부패균이나 유해균이 자라지 못하게 소금을 많이 사용하게 되는 과정에서 너무 지나치게 짠맛을 가지는 것이 하나의 단점이라고 할 수 있다. 또 발효를 위한 용기로 옹기(항아리)가 개발되기도 했다.

우리나라는 발효를 위한 용기로 옹기를 전통적으로 사용해왔다. 김치 발효 시 사용되는 옹기는 약간의 다공질을 제공하므로 통성혐기성균인 김치유산균의 성장에 중요한 역할을 한다. 그래서 김치를 담글 때는 포기를 차곡히 넣고 적당히 압력을 가해 누르고 위에 우거지를 깔고 돌로 얹어 놓음으로써 항아리와 항아리 입구에서부터 공기를 차단하므로 김치 발효가 잘 이루어지게 된다.

김장철인 11월 하순의 땅속 온도는 평균 5℃, 12월 초순부터 이듬해 2월까지는 0℃~-1℃ 사이에서 유지되도록 하는 것이 우리나라 김장독의 김치숙성 및 보관 원리이다. 생활 가전 중 한국에서 처음으로 개발된 '김치냉장고'는 조상 대대로 내려오던 이러한 김장김치보관 방법을 현대의 기술로 구현한 제품으로 과거 항아리에 담아 겨우내 땅속에 묻어 보관하던 김장김치의 맛을 구현해내는 게 목적이다. 김치의 숙성, 발효, 저장을 위해 정밀한 온도제어와 저장실 내부의 수분 관리가 가능하도록 설계되어 있다. 기존 냉장고와 김치냉장고를 구분 짓는 가장 큰 차이점은 바로 '냉각방식의 차이'이다. 김치냉장고는 장기간 수분 유지를 위해 저장 공간 자체를 냉각하는 직접냉각방식을 사용하는 반면, 일반 냉장고의 경우 냉각기의 찬 기운을 팬을 통해서 보내주는 간접냉각방식을 취하고 있다. 일반냉장고는 3~5℃를 유지하고 김치냉장고는 -2~0℃를 유지하게 되어있다. 김치가 쉽게 익지 않는 온도는 -1~0℃라서 일반냉장고보다 김치냉장고가 김치를 더 신선하게 오래 유지할 수 있는 것이다.

　김치류와 된장, 고추장 등 장류, 젓갈류 같은 발효음식을 중심으로 하는 우리나라의 전통음식들도 모두 자연의 속도에 의해 숙성기간을 거쳐야 하고 제철에 지역적 특징을 가지고 생산된 식재료로 만드는 절기음식의 특징을 갖는다는 점에서 슬로푸드(slow food)식품이라 할 수 있다.

　슬로푸드(slow food)는 패스트푸드(fast food)에 대한 반대의 의미로서 인공의 속도가 아니라 자연의 속도에 의해 생산된 먹을거리, 제철 먹을거리, 그리고 소비자에게서 가까운 곳에서 생산된 지역 먹을거리라는 의미를 갖는다. 슬로푸드(slow food)의 특성 중 가장 주목해야 할 점은 바로 자연의 속도에 의해 발효과정을 거쳐 생기는 새롭고 유익한 성분들에 의한 건강 기능성이다. 우리 조상들은 식품을 장기간 보존하기 위한 기능적 방법으로 발효라는 과정을 창안해냈다. 만약 발효라는 과정을 발견하지 못하고 한철에 생산된 잉여식품들을 모두 부패하도록 방치하였다면 인류의 생존은 크게 위협받았을 것이다. 식량을 안정적으로 공급받는 데 크게 기여한 것이 바로 발효과정을 통한 보존식(밑반찬)의 확보이다. 이렇듯 발효음식은 양적으로 모자라는 음식을 보완하는 기능뿐만 아니라 질적으로 모자라는 영양소의 제공에도 기여하고 있다.

□ 다른 나라에도 발효식품이 있을까?

　발효식품은 인류문명이 발달하기 이전부터 자연 발효되어 이용하게 되었다. 나라마다 그 지역에서 생산되는 재료를 이용한 식품이 옛

날부터 개발되고 식용되어 왔으며 그 지방이나 나라의 대표적 전통식
품으로 자리를 지켜왔다.

세계의 식문화는 크게 농경 문화권과 목축 문화권으로 구분하여
생각할 수 있는데 발효식품은 어느 문화권에 속하는가에 따라 각각
독특한 특색을 지니며 발달하였다. 육식 섭취가 활발하지 못한 곡물
중심의 농경 문화권에서는 자연발생적으로 콩 발효식품과 곡물을 이
용한 누룩으로 만든 술과 식초가 발달하였고, 목축 문화권에서는 착
유문화가 발달하여 치즈, 요거트 등의 유발효 식품과 술도 곡주가 아
닌 과일주, 식초도 과일을 이용하여 만든 과실초가 많이 만들어지게
된 것이다.

한국과 중국, 일본 등 곡물 중심의 농경 문화권에서는 콩 발효식품
과 채소 발효식품이 발달하였다. 삶은 콩을 발효시켜 만든 일본의 전
통음식인 낫토(納豆, natto)는 한국의 생청국장과 비슷하다. 우리나라
의 청국장은 고초균(*Bacillus subtillus*)을 주로 이용하며, 일본의 낫토
는 바실러스 낫토(*Bacillus natto*)를 순수 배양한 것을 이용한다. 일본
식 된장인 미소(미소, misso) 된장은 콩과 코지(쌀, 밀, 보리)의 혼합물
에 코지 곰팡이인 아스페르질러스 오리제(*Aspergillus oryzae*)에 의존
하여 만들어진다. 중국 동남부 지역에서는 대두를 사용하여 발효시킨
두시(豆豉)가 있는데 삶은 콩을 띄울 때 소금의 첨가 여부에 따라 함
두시(鹹豆豉)와 담두시(淡豆豉)로 구별되며 함두시는 된장이나 간장에
해당되고 담두시는 청국장과 유사한 방식으로 만들어진다. 인도네시
아를 대표하는 콩 발효식품인 템페(Tempeh)는 콩을 물에 불려서 껍
질을 벗겨 익힌 후 발효균인 리조푸스 곰팡이(*Rhizopus oligosporous*)
를 접종시킨다. 발효된 템페는 우리나라의 콩떡에 비유할 수 있을 만

큼 콩 사이사이에 백색 곰팡이가 꽉 차서 단단한 상태가 된다. 템페는 간장을 발라서 굽거나 얇게 썰어서 기름에 튀기거나 스프에 넣어서 먹는다. 청국장류가 세균에 의해서 끈적끈적하게 만들어졌다면 템페는 곰팡이에 의해 단단하게 만들어진 점이 다르다고 할 수 있다. 이외에도 정제한 하얀 밀가루를 발효시켜 구운 빵인 인도의 난(nan), 신선한 정어리나 멸치 등 소형 생선을 몇 달 동안 소금에 삭혀서 만든 어간장으로 베트남의 거의 모든 요리에 들어 있는 느억맘(nuoc-mam)을 들 수 있다.

목축 문화권인 유럽지역의 발효식품으로는 치즈와 요구르트 같은 유발효 식품과 과일을 발효시킨 포도주와 발사믹 식초를 들 수 있다. 구약성경에도 기록되어 있을 만큼 지구 상에서 가장 오래된 발효유제품인 치즈는 서구인들의 식단에서 빼놓을 수 없는 중요한 메뉴 중 하나이다. 치즈는 지역과 제조 방법에 따라 다양한 맛을 내며 현재 1,000여 종 이상이 존재하는 것으로 알려져 있지만 이 중 전 세계 소비시장의 60% 이상을 차지하는 것은 20여 종이며 대부분 유럽에서 생산된다. 은은한 향이 풍기는 치즈에서부터 자극적인 냄새가 나는 치즈까지 치즈의 종류는 매우 다양하다. 프랑스, 네덜란드, 스위스, 이탈리아 등의 나라에서 세계인이 좋아하는 치즈를 생산해내고 있다.

프랑스에서는 한 사람이 1년에 15kg의 치즈를 소비할 정도로 많은 양의 치즈를 소비하고 있다. 로마시대부터 프랑스는 품질 좋은 치즈를 생산하는 국가 중 하나였다. 7~8세기 전에는 많은 수도원에서 치즈의 제조가 이루어졌으며 그 제조 기술은 자연스럽게 프랑스 전체로 확산되었다. 프랑스 노르망디 마을의 부인들이 나폴레옹에게 대접한 치즈로 유명한 까망베르 치즈는 까망베르 지역에서 당시 프랑스

혁명 때 마리 아렐(Marie Harel)에 의해 만들어졌다. 그녀는 프랑스 혁명 당시 피신 중인 한 사제를 숨겨주었는데, 사제가 고마움을 갚기 위해 그녀에게 치즈 제조 방법을 가르쳐 준 것이 까망베르 치즈의 기원이 되었다고 한다.

무려 2,000년 전에 치즈를 만들기 위해 사용했던 돌그릇이 발견될 정도로 오랜 역사를 가지고 있는 네덜란드의 치즈는 그 맛과 향이 뛰어나며 특히 중세시대부터 지금까지 최고를 자랑하는 에담(Edam)과 고다(Gouda)는 네덜란드에서 가장 중요한 식재료로 손꼽힌다. 네덜란드 정부는 해수면이 육지보다 높은 자연 환경상의 불리함 때문에 오래전부터 농축산업의 근대화를 추진하였으며 이를 바탕으로 지금은 세계 최고의 농-축산 기술을 보유하게 되었다. 특히 네덜란드의 낙농 제품과 치즈는 세계적으로 유명하다. 네덜란드를 대표하는 젖산균 숙성 치즈인 고다 치즈는 6세기부터 만들어지기 시작하였으며 수분 함량이 적은 하드 치즈로 담황색의 빛깔을 띠며 부드러운 맛이 특징이다. 현재 네덜란드 치즈의 60% 이상을 차지할 정도로 네덜란드를 대표하는 치즈이다.

우리가 '치즈'를 생각할 때 금방 떠오르는 구멍이 뽕뽕 뚫린 치즈의 이름은 에멘탈(Emmental)이다. 만화 '톰과 제리'에 등장해 전 세계적으로 치즈의 대명사처럼 여겨지는 이 치즈가 바로 스위스의 대표적인 치즈이다. 집안에 얼마만큼의 치즈가 보관되어 있는가가 부의 척도가 되었을 만큼 스위스에서 치즈는 단순한 음식물의 차원을 넘어 경제적인 매개체로 작용하기도 하였다. 한때 성직자나 예술가들은 일꾼들에게 화폐를 대신해 치즈를 지불하기도 하였으며 이때 숙성기간이 오래된 치즈일수록 좀 더 높은 가치를 가지고 거래되었다.

유럽의 문화 가운데는 고대 로마로부터 그 기원을 두는 것이 대단히 많다. 와인과 마찬가지로 치즈 역시 로마시대를 통해 많은 발전을 이루었다. 로마시대의 농업학자인 콜루멜라(Columella)가 그의 저서 『농업론(De Re Rustica)』에서 양의 네 번째 위에서 추출한 레닌으로 우유를 응고시켜 치즈를 만드는 방법을 자세히 기록하였을 정도로 이탈리아의 치즈 제조 기술은 오랜 역사를 가지고 있다. 시저(caesar)도 블루 치즈를 즐겨 먹었다는 기록이 남아 있을 정도로 치즈는 로마시대부터 인기 있는 식품이었다. 위 아래로 길쭉한 장화 모양을 하고 있는 이탈리아는 지방마다 지형과 기후가 매우 다르다. 때문에 유럽의 다른 나라와는 달리 염소와 암양의 젖을 많이 사용한다. 이탈리아를 대표하는 블루 치즈(Blue Cheese)인 고르곤졸라 치즈는 북부 지방의 작은 마을인 고르곤졸라(Gorgonzola)에서 시작되었다. 고르곤졸라 치즈를 만들려면 커드 내부에 곰팡이의 맥을 형성하기 위해 실험실에서 재배된 '페니실리움(Penicillium glaucum)'을 주입하며, 동굴에서 3~6개월 정도 숙성시키는 과정을 거쳐야 한다. 숙성 마지막 단계에 접어들면 상당히 고약한 냄새와 향을 풍기는데 심할 때는 구토를 유발하기도 한다. 하지만 이렇게 만들어진 고르곤졸라 치즈는 영양가가 상당히 높고 짭짤하면서도 씁쓸한 맛을 지니고 있기에 포도주와 잘 어울린다. 우리에게 매우 익숙한 모짜렐라 치즈는 피자 위에 얹는 치즈로 더 유명하다. 이탈리아 나폴리 지방에서 시작된 모짜렐라 치즈는 보통 물소의 젖으로 만들며 반죽 상태에서 진행하는 성형 과정에서 모짜렐라 치즈의 부드러움이 결정된다. 모짜렐라 치즈는 대표적인 신선 치즈로 숙성한 치즈에서 나는 특유의 냄새가 없어 인기가 많다. 뜨거운 피자나 파스타 위에 얹었을 때 실처럼 길게 늘어나는 특징도 있다.

우리나라의 김치와 비슷한 형태로서 양배추를 신맛이 나게 발효시킨 김치인 사워크라우트(Sauerkraut)는 독일과 폴란드 등 여러 나라에서 많이 만들어 먹는다. 피클과 더불어 서양의 대표적인 채소절임이다. 씹으면 아삭한 질감이 있고 육류를 가공할 때 또는 스튜나 샌드위치에 넣기도 하고 소시지, 햄 등과 함께 기름에 볶기도 한다. 잘 키운 양배추를 소금에 절인 다음 월계수, 회향, 통후추 등 향료를 함께 넣어 발효시킨다. 발효 과정 중에 양배추가 공기 중에 노출되거나 너무 짜면 효모나 부패균이 작용하여 흑갈색이나 분홍색으로 변하여 품질이 저하되므로 절일 때 양배추가 뜨지 않도록 돌로 잘 눌러주어야 한다.

□ 우리 발효식품의 우수성을 세계에 알려요

우리 조상들은 발효기술을 통해 음식의 맛과 저장성을 높이고 김치와 장류, 젓갈, 막걸리 등을 개발해서 전통식품을 후손들에게 남겨주었다. 그리고 최근에 와서 우리나라의 전통 발효식품이 건강에 좋다는 것이 과학적으로 증명되고 있다.

2006년 미국 건강 잡지인 헬스(Health)는 세계 5대 건강식품을 선정했는데, 이 중 3개가 발효식품이며 그리스의 요구르트, 일본의 낫토와 함께 우리나라의 김치가 그중의 하나로 선정되었다. 우리 발효 음식의 과학적 우수성이 세계로부터 인정을 받은 것이라고 할 수 있다.

음식을 오래 저장하고 맛과 조직감을 좋게 하며 건강을 증진시키는 효과가 있는 발효식품, 우리의 선조들이 후손들에게 남겨준 발효식품을 더욱 발전시켜 인류의 건강을 지킬 수 있는 우수한 식품으로 발전시키는 것이 현재의 우리들이 할 일이라 할 것이다.

[1] 발효란 어떤 과정을 의미하는가? 발효식품의 종류에 따라 작용하는 미생물의 종류가 다른데 어떤 미생물이 발효과정에 관여하는지 생각해 보자.

[2] 발효가 일어나면 식품에는 어떤 변화가 일어나는지 생각해 보고, 우리나라와 세계 여러 나라의 발효식품에는 어떤 것들이 있는지 알아보자.

[3] 똑같이 미생물의 작용으로 일어나는 발효와 부패는 인간에게 전혀 다르게 작용한다. 발효는 인간의 생활을 이롭게 하지만 부패는 인간을 해롭게 한다. 그 차이는 어디에서 오는 것일까?

[4] 인류를 질병에서 구원한 곰팡이도 있고 인간을 건강하게 하는 세균도 있다고 하는데 그렇다면 이러한 세균이나 곰팡이는 인간에게 어떤 존재인지 생각해 보자.

[5] 세상에 존재하는 치즈에는 어떠한 것들이 있을까? 치즈는 누가 어떻게 만들게 되었을까?

[6] 왜 우리 선조들은 치즈와 같은 우유발효식품을 만들지 못했을까?

[7] 생치즈의 고약한 냄새와 청국장의 냄새는 어떻게 다를까?

[8] 우리가 모두 좋아하는 피자는 어느 나라에서 어떻게 만들어지기 시작했을까?

[9] 이탈리아에서는 피자 도우 만들기 대회가 있다는데, 피자 도우는 어떤 발효 원리로 만들어지는지 생각해 보자.

[10] 인류는 언제, 어떤 계기로 포도주를 만들게 되었는지 생각해 보자.

[11] 과일이 술로 변신하는 마법과 같은 일은 어떻게 가능한지 생각해 보자.

[12] 와인과 우리나라의 술, 막걸리, 그리고 독일인이 좋아하는 맥주의 차이점
은 무엇인지 생각해 보자.

[13] 술을 오랫동안 보관하면 식초가 된다. 어떻게 이런 일이 가능한지 생각해
보자.

1. 김귀영 외,『발효식품-이론과 실제』교문사(2009)
2. 벼릿줄,『나는야 미생물 요리사』창비(2007)
3. 벼릿줄,『썩었다고? 아냐 아냐』창비(2007)
4. 최홍식,『김치의 발효와 식품과학』효일(2004)
5. 박인숙 외 7인,『발효식품』파워북(2012)
6. 박건영,『발효식품의 건강기능성 증진효과』(식품산업과 영양)(2012)

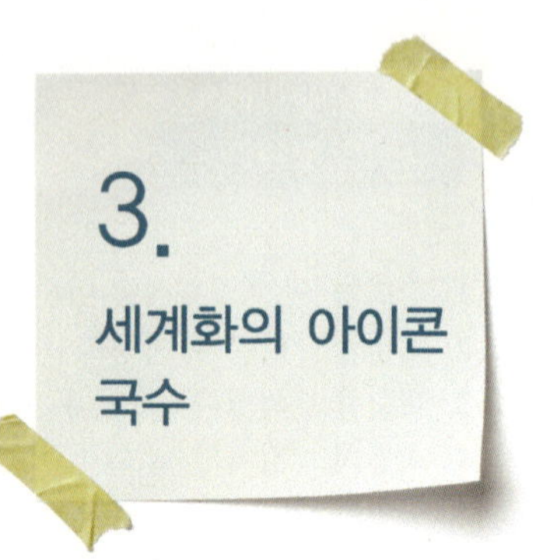

□ 국수를 먹으면 왜 행복감을 느낄까?

국수는 정말 매력적인 음식이다. 긴 면발을 입으로 끌어당겨 후루룩거리며 먹을 때면 그 쫄깃한 질감에 우리는 말할 수 없는 행복감을 느낀다. 비가 오거나 추운 겨울날 생각나는 짬뽕, 우동부터 이제는 우리의 일상이 되어 버린 라면, 그리고 여름의 무더위를 잊게 해주는 냉면까지 국수는 사시사철 다양한 맛으로 우리를 유혹한다. 그런데 이렇게 우리를 행복하게 하는 국수가 사실은 중국에서 만들어져 실크로드를 타고 유럽으로 건너가서 누구나가 좋아하는 파스타로 탄생하게 되었다고 한다. 자, 지금부터 3,000년의 오랜 시간 동안 모든 사람에게 사랑받을 수 있었던 국수의 비밀을 파헤쳐 볼까요?

□ 인류 최초의 패스트푸드는 무엇일까?

몇 해 전 방송을 통해 소개되었던 '누들로드'라는 다큐멘터리가 있
다. 중국에서 화려하게 꽃핀 음식 문화인 '국수'가 실크로드를 따라
유럽에까지 전해져 '파스타'로 탄생하기까지의 국수의 긴 여행에 대
한 이야기가 흥미롭게 펼쳐졌다.

국수는 실크로드를 따라 근동에서 중앙아시아로, 중앙아시아를 거
쳐 중국에 이르렀을 것으로 추측하고 있다. 그래서 일본 작가들은 실
크로드를 누들로드라고 부르기도 했다. 마르코폴로의 『동방견문록』
에 의하면 동아시아에서 국수는 파스타로 유명한 이탈리아보다 훨씬
일찍, 사람들의 일상과 문화에 뿌리를 내린 것으로 추측된다.

언제 처음 만들어졌는지 기록으로 남아 있진 않지만 근동의 유목
민들은 국수를 비상식량으로 가지고 다녔다고도 하고, 지중해 동쪽을
정복한 아리비아 사람들이 국수류를 스페인에 전했다고 하기도 한다.
결국 국수는 고향인 중동에서 유럽으로, 그리고 기원전에 이미 아시
아로 퍼져 나갔다. 국수는 오늘날 세계화된 최초의 예라고 볼 수 있
으며 또 추측건대 빵 이후로 가장 오래되었으며 공장에서 생산된 '최
초의 가공식품'이라 할 수 있다.

□ 곡식에서 면이 만들어질 수 있는 이유는 무엇일까?

국수의 원료가 되는 밀은 특히 유럽 사람들에게 가장 중요한 주식
이었다. 매년 6억 톤씩 수확되는 밀이 없었다면 문명, 특히 서양문명
은 존재하지 않았을 것이고 국수 역시 존재하지 못했을 것이다. 학명

이 트리티쿰(Triticum)인 밀은 화본과 식물에 속한다. 밀의 발생지는 서남아시아(근동)인데, 오늘날의 이라크인 메소포타미아와 시리아 사람들은 밀을 채집해서 사용했다고 한다. 계절에 따라 유목생활을 하는 반유목민들은 매년 밀 종류의 풀이 익는 시기가 되면 그 풀이 자라는 장소로 이동하여 채집했으며 누군가 이것을 경작하기 시작할 때까지 그 과정이 반복되었다.

밀은 중동에서 지금의 터키, 이집트, 지중해로 퍼졌고 발칸 반도를 통해 알프스로 소개되었다. 그리고 동쪽으로는 중앙아시아를 거쳐 중국으로 갔다. 많은 학자들은 사람들이 밀을 경작하기 시작한 곳에서 국수 기술이 생겨났을 것으로 추측한다. 그렇게 생겨난 기술은 밀을 따라 중앙아시아로, 다시 중국으로 갔다. 오늘날 우리가 먹는 국수의 대부분은 밀로 만든다. 쌀국수와 전분국수는 동남아시아에서만 중요한 역할을 하고 메밀국수는 일본과 한국에서만 중요하다. 중국의 산시성에서만 기장, 옥수수, 귀리, 수수, 감자 그리고 모든 곡물을 혼합해서 만든 면을 정기적으로 만든다고 한다.

국수를 만드는 데 중요한 밀의 특성은 단백질 함유량이다. 밀은 밀 속의 단백질 함량에 따라 연질밀과 중질밀, 경질밀로 나누어지는데 연질밀과 중질밀이 빵에 적합한 반면 국수를 만들기 위해서는 경질밀이 필요하다. 오늘날 이탈리아 파스타는 트리티쿰 듀럼, 즉 듀럼으로만 생산해야 한다고 규정되어 있다. 듀럼은 오늘날 대량 경작되고 있는 유일한 경질밀이다(세계 밀 생산의 대략 10분의 1이다). 거칠고 거의 투명한 듀럼 낟알로 만든 이탈리아 파스타는 투명한 호박색을 나타낸다.

밀가루나 경질 밀가루를 반죽할 때 글루텐(gluten)이라는 단백질이 형성된다. 이 글루텐이 없다면 국수는 형태를 유지하지 못할 것이며 이스트를 넣어 구운 과자도 없었을 것이다. 왜냐하면 글루텐이 없으면 빵 반죽이 부풀 수 없기 때문이다. 글루텐은 반죽할 때 밀가루 속에 존재하는 단백질인 글리아딘(glyadine)과 글루테닌(glutenine)의 결합으로, 물과 함께 형성되는 긴 분자의 사슬인데, 빵을 굽게 되면 글루텐 구조가 견고해지게 된다.

신석기시대 야생풀이었던 밀은 채집에서 경작으로의 변화가 시작되면서 세계적인 곡물이 되었으며 그 변화 덕분에 빵 굽기와 면 생산이라는 식품공학 기술이 발전하게 되었다.

□ 세상의 모든 국수

○ 인류 최초로 국수를 만든 나라 중국

국수는 어디에서 시작되었을까? 누가 최초로 국수를 만들기 시작하였을까? 답은 바로 중국이다. 현존하는 가장 오래된 국수는 중국 화염산에서 발견된 2,500년 전 미라의 머리맡에 놓인 국수이다. 이 국수를 통해 당시 사람들이 어떻게 국수를 해 먹었는지를 짐작할 수 있다. 이렇게 히말라야 산맥 북부 중앙아시아지역 유목민족이 처음 만들어 먹기 시작한 국수는 중국을 이동하면서 식문화로 크게 발달하게 되었다. 중국에 국수 종류만 300가지가 넘는다는 사실이 이를 증명하고 있다.

고대 서역 성곽제국 중의 하나인 교하국, 차사전국(車師戰國)의 도시였던 이곳은 당시 정치, 경제, 군사, 문화의 중심이었고 진한시대에는 실크로드 교통의 중심지였다. 그리고 당시 벽돌을 쌓아 만든 건축

물 덕분에 세계에서 보존 상태가 좋기로 손꼽히는 유적이 되었다. 게다가 주방 터가 남아 있어서 당시의 주방 문화를 엿볼 수 있는 곳이다. 학자들이 이곳 주방의 흔적에 따라 당시의 생활의 일부분을 복원하였는데 부근 지역의 고고학적 발견을 종합해 볼 때 당시 농사를 지었던 밀이나 조로 국수를 만들어 먹었다는 것을 추측할 수 있다.

교하고성(交河故城)은 '실크로드 무역의 요충지'이다. 어마어마한 이권이 달린 실크로드는 당시 어떤 희생을 감수하더라도 차지해야 하는 무역로였기 때문에 신장 투루판 일대에 있는 교하고성(交河故城)과 같은 실크로드의 교역도시는 분쟁 지역이 될 수밖에 없는 숙명을 안고 있었다. 특히 한나라는 중원을 위협하는 흉노를 견제하기 위해 지금의 카자흐스탄 일리 강 유역에 자리 잡고 있는 대월지국과 동맹을 맺고자 서역으로 장건(張騫)을 파견하였다. 장건에 의해 개척된 실크로드가 열리자, 중원의 강자였던 한나라는 변방의 오랑캐들이 장악하고 있는 실크로드의 교역로를 빼앗기 위해 서쪽으로 진출했다. 이 와중에 신장 투루판에까지 다다르게 되었고 이 일대에서 교하고성(交河故城)을 도읍지로 삼고 독자적인 문명을 이룬 차사국과 만나게 되었다. 결국 한족의 군대와 차사국은 무려 48년간 치열한 전쟁을 치르게 되는데, 한족과 차사인은 충돌하고 대립하는 과정에서 서로의 문물을 받아들였다. 그 속에는 다양한 식재료와 음식조리법도 포함되어 있었을 것으로 추측된다. 많은 학자들은 이때를 중원에 본격적으로 밀과 분식이 전파되기 시작한 가장 유력한 시기로 본다. 결국 이민족들과 한족이 부대낄 수밖에 없는 교하고성 일대, 즉 신장 투루판의 지리적 환경은 피비린내 나는 전란과 학살을 부르기도 했지만 서역의 이민족 문화와 중원의 문화가 만나고 융화하게 만드는 역할을 하기도 했던 것이다.

○ 한반도의 국수

처음 한반도에 국수 문화를 전파한 사람들은 누구일까? 많은 사람들은 '불교의 승려'일 거라고 주장한다. '면'이라는 한자가 처음 등장하는 『선화봉사고려도경』이 쓰인 시기에 중국은 송나라, 한반도는 고려시대였다. 송나라와 고려는 교류가 활발했고 송나라는 불교의 중심지였기 때문에 현대인들이 외국으로 유학을 가듯 승려들도 중국으로 유학을 갔다. 송대에 이르러 국수는 명실상부한 민중의 음식으로 자리를 잡기 때문에 중국으로 유학을 갔던 승려들도 국수를 자주 맛보았을 것이다. 학자들은 중국으로 유학을 갔던 승려들이 국수의 맛을 잊지 못해 만들어 먹으려는 시도를 했고, 그렇게 사찰에서 만들어진 국수가 궁중을 거쳐 민중으로 퍼져 나갔을 것이라고 추측했다. 고려시대의 역사책인 『고려사』에서도 사찰에서 처음 면을 만들어 먹었음을 추정할 수 있는 기록이 등장한다. 이들 문헌에는 '면은 고급음식이고 사찰에서 면을 만들어 판다'는 내용이 있는 것으로 미루어서 사찰에서 처음으로 밀로 만든 음식을 상품화시킨 것으로 추정된다.

사찰에 전해 내려오는 이야기 중에는 스님들의 국수 사랑에 대한 여러 일화가 있다. 누들로드에 소개된 사례를 발췌하여 소개하고자 한다. 스님들이 주로 사용하는 말 중에 '승소(僧笑)'라는 말이 있다. 승소는 스님들이 국수를 이르는 말이다. 말 그대로 '스님의 미소'라는 뜻으로 스님들이 국수만 보면 좋아서 웃기 때문에 이런 이름이 붙여졌다. 국수에는 육식을 하지 않는 스님들에게 결핍되기 쉬운 글루텐이라는 단백질이 많아서 국수만 보면 몸이 당긴다고 한다. 그래서 국수를 보면 기분이 좋아져서 미소를 짓게 돼 승소라는 이름이 붙게 되었다고 한다.

　　사찰에 전해 내려오는 이야기 중에 '호박범벅경, 국수경'이라는 것이 있다. 이 일화는 스님들이 얼마나 국수를 좋아하는지를 보여준다. 어느 절의 스님이 '나무관세암보살, 나무관세암보살'이라고 관세음기도를 염송하고 있었다. 마침 이곳을 지나가던 객승이 이를 듣고 왜 스님은 '관세음보살'을 '관세암보살'이라고 하는 것이냐고 따져 물었다. 그러자 절의 스님은 관세음보살이 아니라 관세암보살이라고 주장해 두 스님 사이에 입씨름이 벌어졌다. 그런데 아무리 시간이 지나도 결론이 나지 않아 결국 두 스님은 절의 큰스님께 판결을 받기로 하였다. 하지만 때마침 날이 저물어 이들은 큰스님께 즉시 묻지 못하고 다음 날 흑백을 가리기로 약속을 하고 헤어졌다. 그런데 절의 스님은 다음 날 판정이 걱정이 되었다. 그래서 '호박범벅죽'을 쑤어 큰스님께 드리면서 '관세암보살'이 맞다고 대답해 줄 것을 간청했다. 그러자 큰스님은 흔쾌히 그렇게 해주겠다고 약속을 했다. 그런데 객승도 걱정되기는 매한가지였다. 객승은 국수를 말아가지고 큰스님을 찾아가 '관세음보살'이 맞다고 대답해 주기를 청했다. 이번에도 큰스님은 그러마 하고 약속을 했다. 다음 날 큰스님이 어떤 판결을 내렸을까? "내가 어제 저녁에 잠이 오지 않아서 경을 읽고 있었는데 첫 번째 읽은 경은 '호박범벅경'이고, 두 번째 읽은 경은 '국수경'이었다. 그런데 호박범벅경에는 '관세암보살'이라고 쓰여 있고 국수경에는 '관세음보살'이라고 쓰여 있었으니 두 사람의 말이 모두 맞다"라고 말했다. 그러니까 큰스님은 절의 스님이 쑤어온 호박범벅죽을 먹고 그를 편들기로 약속을 해 놓았다가 객승이 국수를 말아서 가지고 오자 이를 먹고 그를 편들기로 약속한 것이다. 즉, 호박범벅죽을 쑤어온 절의 스님과의 약속을 어길 정도로 큰 스님은 국수를 좋아했던 것이다.

○ 인류 최초의 가공식품 - 일본 소바와 인스턴트 라면

일본은 중국에서 문자와 사상, 불교와 유교, 그리고 국수를 포함한 많은 일상의 문화를 받아들였다. 처음에 국수는 승려와 귀족을 위한 음식이었지만 에도시대에 이르러 국수는 도시 대중들의 음식이 되었다. 도시의 거리에는 큰 소리로 국수를 파는 행상으로 북적거렸는데 이들은 이동이 가능한 국수 판매대에서 메밀로 만든 '소바'를 팔았다고 한다. 소바는 밀가루나 쌀로 만든 국수보다 값이 저렴해서 대도시로 몰려드는 지방출신 노동자를 위한 식사가 되었다. 맛있는 음식을 싼 가격으로 빠르게, 그리고 배불리 먹을 수 있다는 점이 국수의 인기 요인임과 동시에 패스트푸드로서의 국수의 역사가 시작된 것이다.

이런 현상은 제2차 세계대전 이후 수백만 명의 인구가 재건축을 위해 도시로 밀려들었을 때도 나타났다. 일본에서 가장 역사가 짧은 국수인 라면은 오늘날 바쁜 독신자들의 전형적인 식사가 되었다. 이들을 위해 1958년 일본의 안도 모모후쿠는 인스턴트 라면을 생산하는 기술을 발명했다. 라면의 탄생은 국수가 원래 갖고 있는 특성에 새로운 식품 제조기술이 결합하여 완성된 세계 음식문화사의 혁명적인 사건이었다.

값싸고 영양가 높은 대용식으로 개발된 인스턴트 라면은 좀 더 빠르고 간편한 상품을 찾는 시대 흐름과 맞아떨어져서 '마법의 라면'으로 불리며 선풍적인 인기를 끌었다. 건조면은 젖은 면을 잠깐 삶은 뒤 그것을 뜨거운 기름에 튀겨서 말린 것이다. 면을 튀긴 이유는 수분을 제거하는 동시에 면에 미세한 구멍을 내기 위해서다. 일단 면을 한번 삶아서 튀긴데다가 구멍이 숭숭 뚫려 있기 때문에 뜨거운 물을 부으면 그 구멍 속으로 물이 들어가 몇 분 만에 물에 풀어지면서 익게 된다.

인스턴트 라면은 인류의 식생활에 획기적인 변화를 가져왔다. 사발이나 젓가락을 사용하지 않는 면의 문화가 없던 곳에서도 면을 먹을 수 있게 된 것이다. 즉, 인스턴트 라면으로 인해 면은 인류 공통의 먹거리가 된 것이다. 실제로 한 통계자료에 의하면 전 세계인들이 지금까지 먹은 인스턴트 라면의 개수는 무려 1,000억 개에 이르고 현재 50억 세계인들이 연간 100억 개에 육박하는 인스턴트 라면을 먹고 있다고 한다. 1년간 세계에서 소비되는 인스턴트 라면을 모아 에펠탑을 지으면 무려 327개를 세울 수 있다고 하니 정말 놀라운 일이 아닐 수 없다. 이렇듯 라면은 인류가 만든 가공식품 중 가장 많이 소비되는 식품으로 21세기 최고의 발명품이 되었다.

인스턴트 라면은 밀가루를 물, 소금 등과 적절한 비율로 섞고 밀가루 반죽을 얇고 편편하게 민 후 잘라서 면으로 만든다. 이 면을 익혀 찬물에 식히고, 식힌 면을 말리는 여러 공정을 거쳐 완성된다. 인스턴트 라면을 만드는 과정 속에는 2,500년 동안 인류가 고안해 내고 발견한 국수 제조방법이 고스란히 녹아 있게 된 것이다.

결국 간편함을 추구하는 현대인의 대표 음식인 인스턴트 라면 속에는 수천 년의 중국 역사와 인류의 국수 역사가 압축되어 있다. 이 인스턴트 라면은 이제 지구를 떠나 우주로까지 진출하게 되었다.

○ 국수를 디자인하다 – 이탈리아 파스타

우리는 매일 밥을 먹지만 이탈리아에서는 매일 파스타를 먹는다. 파스타라고 하면 머릿속에 잘 떠오르지 않겠지만 스파게티가 파스타의 한 종류라고 생각하면 쉽게 이해가 될 것이다. 그러니까 이탈리아 국수는 모두 파스타라고 할 수 있다. 유럽 사람들이 대개 빵을 주식

<그림 8> 여러 종류의 파스타

으로 먹는 것과 비교해보면 국수를 주식으로 하는 이탈리아는 유럽에서는 매우 예외적인 나라이다.

파스타는 밀가루를 반죽하여 넓게 펴서 밀대로 밀어서 만든다는 점에서 우리나라의 칼국수나 수제비와 비슷하다. 수제비는 손으로 뜯어내지만 파스타는 길게 혹은 짧게 잘라서 만든다. 그리고 칼국수처럼 반죽해서 바로 먹을 수도 있고 반죽하여 밀어서 모양을 만든 뒤 건조시켜두었다가 먹을 수도 있다. 우리가 자주 볼 수 있는 것은 건조 파스타인데 바짝 말려서 뻣뻣한 스파게티 국수도 그 가운데 하나이다.

건조한 파스타는 사막을 오래 여행하는 아랍에서 만들어진 음식이었다고 한다. 아랍과 거래를 해온 이탈리아 상인들이 그것을 배워 왔을 것이라고도 하고, 또 중국을 여행하고 돌아온 마르코 폴로가 중국에서 국수 만드는 기술을 배워 와서 전했다는 이야기도 있다. 그러나 이탈리아에는 이미 로마제국 때부터 남는 밀을 이용해서 파스타를 만들고 그것을 건조시켜 저장했다는 기록이 있다. 나폴리에서는 13세기 말부터 파스타를 기계로 생산했다고 한다.

파스타는 이탈리아 사람들의 예술적 감각이 잘 살아 있는 음식이다. 이탈리아는 훌륭한 미술가들을 배출한 전통을 갖고 있다. 오늘날에도 이탈리아는 옷, 핸드백, 구두를 아름답게 디자인하고 만드는 것으로 세계에서 이름이 높다. 그런데 국수인 파스타를 디자인하는 직업도 있다고 한다.

파스타의 모양은 정말 다양하다. 흔히 스파게티에 쓰이는 긴 면발을 가진 것이 있고, 짤막한 것들도 있다. 마카로니는 빨대를 잘게 잘라 놓은 듯 가운데에 구멍이 뚫려 있고, 약간 꼬부라져 있다. 그 외에 용수철, 나비, 꽃, 조개, 리본 모양에서 미키마우스 모양까지 있다고 한다.

파스타는 모양뿐 아니라 색도 붉은색, 노란색, 회색 등 여러 가지이다. 파스타의 색은 밀가루를 반죽할 때 어떤 것을 함께 넣느냐에 따라서 달라진다. 파란 시금치를 넣으면 녹색이 나고 토마토나 당근을 넣으면 붉은색이 난다. 노란색은 달걀 노른자를 넣고 회색은 오징어의 먹물을 넣어 반죽한다.

□ 국수, 우주로 가다 – 인스턴트 라면

몇 해 전 우주인 이소연 박사님이 먹은 우주 식품에 라면이 포함되어 있어 화제가 된 적이 있다. 3,000년 동안 인류에게 사랑받은 국수가 드디어 우주로까지 진출한 역사적 사건이라고 할 수 있다.

우주 환경에서 라면은 국물이 있는 경우 문제가 되고, 우주 공간에서 물의 온도가 지상에 비해 낮기 때문에 낮은 온도에서도 호화가 될 수 있어야 한다. 따라서 우주 라면은 70℃에서도 5분 만에 호화가 가능하고 국물이 없는 비빔면의 형태로 개발되었다고 한다.

무중력 상태의 우주에서는 면이 부드럽게 풀어지는데 우주용 라면은 그렇게 되면 면이 쉽게 풀어지고 공중에 흩어져서 먹을 수 없기 때문에 일반 인스턴트 라면을 만들 때와 전혀 다른 방법으로 만든다. 스프도 마찬가지로 쉽게 풀어지면 먹을 수 없기 때문에 이를 막기 위해서 점성을 더해 면과 뭉쳐진 상태로 먹을 수 있도록 한다. 또한 맛도 일반 라면보다 강하게 만든다. 우주에 가면 맛이 잘 느껴지지 않기 때문이다. 실제로 우주에서 비행사들이 먹은 라면은 간장 맛, 된장 맛, 카레 맛, 돼지사골 맛의 라면이었다고 한다.

아주 오래전 중앙아시아의 초원을 오갔던 유목민의 주방에서 비롯된 국수가 이제 우주로 떠나는 21세기의 여행 식량이 된 것이다.

□ 국수의 무한 진화

국수는 어떻게 2,500년 동안 역사 속에 사라지지 않고 인류의 식탁과 도시 풍경, 삶의 방식을 바꾸고, 나아가 우주인의 식탁에까지 오를 수 있었을까? 그 이유는 우리 식탁에 올라와 있는 국수를 보면 쉽게 알 수 있다.

국수는 저렴하면서도 한 그릇 안에 여러 가지 영양소를 골고루 갖춘 건강한 일품요리이자 훌륭한 주식이 된다. 게다가 앉아서 먹을 시간이 없을 때는 빨리 포장해 갈 수도 있고 밖에서도 먹을 수 있어 아주 편리하다. 무엇보다도 국수는 다양한 결합이 가능한 음식이다. 면,

국물, 고명, 소스 재료 등을 조금만 다르게 넣으면 수많은 종류의 면 요리가 탄생하기 때문에 대량판매가 가능하고 품질관리도 쉬워서 전 세계로 퍼져 나갈 수 있었던 것이다.

어떤 지역의 식문화와 만나느냐에 따라 변신이 가능한 국수의 창의성과 다양성으로 동서양을 막론하고 3,000년 동안 전 세계인의 사랑을 받는 음식이 된 것이다. 결국 국수는 태생적으로 세계화와 퓨전 코드를 가지고 있는 음식이기 때문에 전 세계인들의 인기 메뉴가 될 수 있었다.

어떠한 식재료와도 잘 어울리는 뛰어난 적응성, 빨리 조리하고 먹을 수 있는 신속함, 보존과 휴대가 가능한 휴대성, 다양한 디자인과 식감이 갖는 독특한 감성 때문에 국수는 진화를 거듭하면서 수천 년 동안 인류의 식탁에 오를 수 있었다.

빠르고 간편하게 조리해서 먹을 수 있는 패스트푸드로서의 성격을 가지고 있기 때문에 전 세계로 퍼져 나가 훌륭한 한 끼 식사로 자리할 수 있었다. 국수가 이렇게 거대한 돌풍을 일으킬 수 있었던 이유는 빠르게 급성장하는 대도시 속에 사는 도시민들의 빠르고 간편한 것을 추구하는 라이프스타일에 딱 맞는 식품이었기 때문이다.

이러한 여러 가지 이유로 국수는 아시아, 중동, 유럽, 아프리카에까지 널리 전파되었고 수천 년 동안 인류의 배고픔을 달래주는 구황음식으로서, 경사스러운 날 특별한 의미와 소원을 담은 기원의 음식으로서 또는, 가족과 이웃을 잇는 공동체의 음식으로서 전 세계인의 식탁에 오르고 있다. 그뿐만 아니라 국수는 이제 우주를 개척하고자 하는 인류의 꿈을 담은 음식으로서 또 다른 도약을 준비하고 있다.

[1] 인류 최초의 국수는 누가 언제부터 만들게 되었을까? 또 어떻게 전 세계로 퍼져 나갔을까?

[2] 전 세계에 있는 국수에는 어떤 것들이 있는지 생각해 보자.

[3] 간단하고 편리성을 추구하는 현대인의 기호에 부합하는 국수의 속성은 무엇일까?

[4] 국수가 중국에서 시작되어 전 세계로 퍼져 나간 세계화의 시초가 될 수 있었던 이유는 무엇인지 생각해 보자.

[5] 밀의 식물학적 특성에 대해 알아보자.

[6] 밀로 국수 만들기가 가능한 이유는 밀 속의 어떤 성분 때문인지 생각해 보자.

[7] 밀이 채집에서 경작으로 변화되면서 가능해진 식품 가공기술은 어떤 것이 있는지 생각해 보자.

[8] 밀 단백질의 일종인 글루텐의 구조와 성질을 알아보자.

[9] 밀가루가 국수 반죽이 되었을 때 글루텐은 어떤 역할을 하는가?

[10] 우주 공간과 지구에서의 물리적 현상의 차이점에는 어떤 것이 있을까?

[11] 우주 라면은 지구 라면과 어떤 차별성을 지녀야 할까?

[12] 우주에서 라면이 끓을 수 있는 이유는 무엇일까?

1. Ray Tannahill, 손경희 역,『음식의 역사』우물이 있는 집(2006)
2. Heinrich Eduard Jacob, 곽명단·입지원 역,『빵의 역사』우물이 있는 집(2005)
3. 이욱정,『누들로드』예담(2010)
4. Christoph Neidhart, 박계수 역,『누들』시공사(2008)
5. 김아리,『음식을 바꾼 문화, 세계를 바꾼 음식』아이세움(2011)
6. Tom Standage, 박종서 역,『식량의 세계사』웅진지식하우스(2012)

II

환경과 미래

조정선

문명의 발생 이후 사람들은 주위 환경을 편리하도록 끊임없이 개발하고 있다. 그 때문에 모든 인류의 보금자리인 지구가 몸살을 앓고 있고, 앞으로도 그 심각성은 점점 높아질 것이다. 지금까지는 잘 견뎌왔지만, 이제는 환경의 위기가 찾아오고 있으며, 이에 사람들은 오염된 새로운 환경에 적응하고 있다. 세계는 나날이 병들어 가고 있는 지구를 위한 대응책을 마련하기 위해 함께 노력하고 있다. 그러나 아름다운 지구를 지키기 위해서는 불편한 진실들을 바로 알고 미래를 생각하는 생활 방식으로 바꾸어야만 한다. 그러므로 이 책에서는 지구 환경에 대한 과거, 현재, 미래를 이야기하려고 한다.

첫 번째는 지구를 아프게 하는 환경 이야기이다.

아름다웠던 지구가 왜 병들게 되었는지 지구의 과거 역사 속에서 그 답을 찾아보자. 환경 오염은 반드시 원인이 있다. 지구온난화, 기후 변화, 생명을 위협하는 환경에 대해 탐구해 보자.

두 번째는 미래를 생각하는 환경 이야기이다.

공기, 물, 흙의 오염을 해결하기 위해 세계가 어떤 관심을 두고 있는지 알아보자. 물 부족, 탄소 거래, 새로운 에너지 소재로 환경을 지키기 위한 노력을 생각해 보자.

세 번째는 환경오염 속에서 인간이 적응해 가는 이야기이다.

지구온난화 등으로 지구에는 새로운 질병이 발생되고 있다. 따뜻한 물, 대기오염, 수질오염, 환경호르몬 등은 심각한 장애와 생명을 위협하기도 한다. 환경오염으로 새롭게 출현한 질병에 사람이 어떻게 적응해 가는지 알아보자.

사람이 살아가는 안전한 보금자리, 초록별 지구를 우리가 지켜보아요!

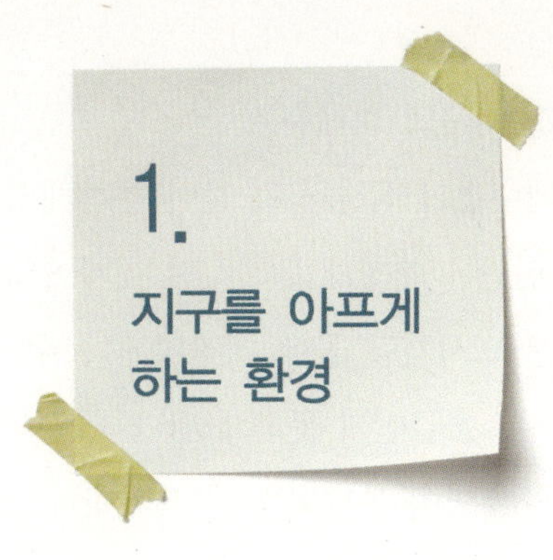

□ 왜 지구가 아플까?

현재 지구는 홍수, 태풍, 가뭄, 강수량 등에 큰 변화를 일으키는 기후 변화로 인해 몸살을 앓고 있다. 지구 곳곳에서는 사막화나 아열대화 같은 현상도 일어나고 있다. 이 때문에 큰 피해가 발생하고 자연 생태계의 질서와 균형도 무너지게 된다. 특히 북극과 남극의 거대한

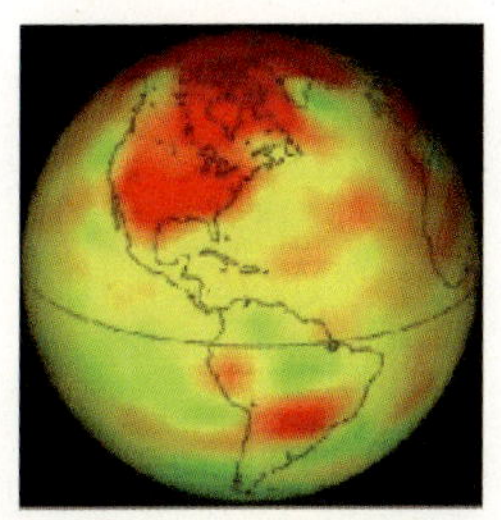

〈그림 9〉 아파하는 지구

빙하들이 녹아내리고 여러 대륙의 고산 지대에 쌓여 있는 만년설이 녹아 강을 통해 바다로 흘러들어 바닷물의 수위가 점점 높아지고 있다.

지금까지는 그런대로 잘 버텨왔으나, 이제는 위험한 상태로 접어드는 것 같다.

왜 지구가 이렇게 아프게 되었을까? 함께 그 비밀을 찾아보자.

○ 지구의 미래는?

해수면이 상승하고, 물이 부족해지며, 식량 생산도 줄어든다면 우리 인간은 어떻게 될까? 전 세계 인구가 상당수 몰려 사는 도시들은 해안 도시처럼 물에 가라앉거나 수돗물이 말라붙어 버리고 식량도 제대로 공급받지 못하게 된다. 그렇다면 인류가 수천 년 동안 이룩해 놓은 문명이 붕괴되는 건 불가피해 보인다. 인간은 코앞에 닥친 위험을 아직도 알아채지 못하고 있을 뿐이다.

○ 지구의 환경을 생각하다

고대 그리스 신화를 보면 '가이아'란 신이 나온다. 지구와 모든 생물을 보살펴 주는 자비로운 대지의 여신이다. 지구의 생물들을 어머니처럼 보살펴 주는 자비로운 신이다. 그런데 이 가이아란 말은 환경 문제를 얘기할 때 거론되기도 하는데, 영국의 과학자인 제임스 러브록이 1978년에 이 여신의 이름에서 따온 '가이아 이론'을 발표한 이후부터 생긴 일이다.

가이아 이론이란 무엇일까? 가이아란 죽어 있는 물질 덩어리가 아니라 살아 있는 거대한 생명체로서의 지구를 가리키는 이름이다. 결국 가이아 지구란, 생물과 생물이 아닌 것들이 서로 떼려야 뗄 수 없는 관계로 엮여 있는 속에서 서로가 긴밀하게 영향을 주고받는 하나의 거대한 생명체라는 것이다. 여기서 생물은 단순히 주변 환경에 적응하면서 생존을 이어가기만 하는 수동적인 존재가 아니라 오히려 스스로 지구의 환경을 변화시키고 조절해 가는 능동적인 존재라고 설명한다.

□ 환경은 누구를 위한 것일까?

환경이란 흔히 숲이나 강처럼 우리를 둘러싸고 있는 주변의 자연물만을 떠올리는 경우가 많다. 하지만 환경이란 이 지구라는 행성을 구성하는 모든 것을 말한다. 사람 또한 당연히 환경에 속한다고 할 수 있다. 사람도 자연의 일부이며, 또한 '생명'과 같다. 즉 '모든 살아 있는 것'을 뜻한다.

그래서 환경이 망가졌다는 것은 단순히 물이나 공기가 오염됐다는 차원이 아니다. 우리 사람에게도 어떤 문제가 발생했다는 것을 의미한다. 따라서 환경을 살리는 것은 곧 사람을 살리는 것이다. 환경 문제를 해결하기 위해서는 사람이 사는 방식을 바꾸어야 한다. 편리한 삶을 선택하기보다 불편한 삶이 어쩌면 지구를 살릴 수 있다. 즉 개발과 보전의 딜레마를 생각해 봐야 한다. 지구온난화가 일어나는 이유가 온실가스로 인한 것이니, 결국 사람이 배출하는 온실가스는 인간의 삶의 방식을 바꿈으로써 해결할 수 있지 않을까?

현재 지구의 모습을 이다음 우리 자녀들에게 물려주어야 한다고 생각하는 사람들은 이대로 지구가 아프게 두지 않을 것이다. 불편한 진실이 이제 엄연한 현실이 되어 버린 지구의 위기를 우리가 해결해야 할 차례이다.

□ 왜 환경이 오염되는가?

'환경'이란 우주를 형성하는 모든 것들을 의미한다. 인간이 호흡하는 공기, 마시는 물, 식량을 얻는 땅을 우선 꼽을 수 있겠고, 우리가 생활하고 즐기는 대상인 산, 강, 바다, 호수, 나무, 꽃, 바위 등이 있다. 그리고 생활하는 공간, 음식, 교통수단, 통신 등 실로 다양한 것들이 환경에 포함된다.

그럼, 이렇게 이루어진 지구가 왜 오염되고 파괴되고 있을까?

그 첫 번째 이유가 **생태계의 불균형**이다.

지구 상의 모든 생물들에게는 처음부터 커다란 원칙이 있다. 먹고 먹히는 생태계의 먹이 사슬이다. 생산자인 식물이 있고, 그 식물을 먹는 제1차 소비자인 초식 동물이 있다. 그리고 그 초식 동물을 먹는 제2차 소비자인 육식 동물과 이들이 죽으면 그 사체를 먹는 생물이 있다. 동물이나 식물의 사체는 미생물들에 의해서 분해되어 식물의 영양분이 되므로 원래대로 돌아간다. 자연계는 이렇게 돌고 도는 사슬을 형성하고 있다.

우리가 자연이라고 하는 것은 그냥 눈에 보이는 자연경관만 이르는 것이 아니다. 이런 생태계의 순환도 포함한다. 그렇기 때문에 어떤 곳에서 어느 한 생물이 필요 이상으로 많아진다든가, 없어지면 그것이 생태계의 균형을 깨는 원인이 되는 것이다. 이것을 우리는 생태계의 파괴라고 한다. 강에 폐수가 흘러들어 물고기들이 죽어간다면, 그 강의 생태계에 변화가 온다. 한 생태계의 변화는 다른 생태계에 영향을 주게 되어, 결국은 그 영향이 인간에게까지 미친다. 인간도 생태계의 일원이기 때문이다.

그 생태계에 변화를 가져오는 사례를 보면, 평원 개발로 곡식을 심거나, 삼림을 벌채하거나, 불을 피우거나, 댐의 건설, 건축물의 신축,

도로의 건설 등 인간의 활동에 의한 것들이다. 대규모적인 삼림 벌채는 숲을 파괴하는 큰 변화를 가져온다. 즉, 나무에 의존해 온 많은 동물들은 자취를 감추게 되고, 나무나 모든 식물들이 제거되면 토양 중의 유기물은 직접 대기에 노출되어 빨리 부식하게 된다. 더욱이 지표면의 토양이 감소되면 그 지역 물의 보존성을 악화시켜 댐을 막아야 할 심각성에 이르게 된다. 또한 이런 인간의 활동은 이산화탄소 발생량을 늘려 생태계 불균형을 만든다.

산업화 이전에 대기권의 온실가스는 항상 일정한 양을 유지해서 지구의 환경에 문제를 일으키지 않았다. 하지만 산업화가 진행되면서 인간의 에너지 사용량이 급격히 늘어나 온실가스가 엄청나게 배출되었고, 그 결과 지구의 열평형이 깨져 지구의 평균 기온이 상승하였다.

실제, 생태계 파괴로 위기를 맞은 사건을 찾아보자.

아프리카코끼리가 가장 많은 케냐 차보 국립공원은 최악의 가뭄으로 나무가 죽고, 사막화가 되면서 코끼리는 영양실조 등으로 죽음을 맞았다. 하지만 더 심각한 것은 살아남은 코끼리들이 생존을 위해 민가 주변을 맴돌며 피해를 입히는 일이 생긴 것이다. 또한 코끼리가 사라졌을 때 물을 구하지 못한 다른 동물들도 사라져 버렸다.

투발루도 사라져 가고 있다. 세계에서 네 번째로 작은 나라인 투발루는 남태평양의 적도 부근에 8개의 산호섬으로 이루어진 나라다. 그런데 이 아름다운 섬나라가 매년 0.5~0.6cm씩 바닷속으로 잠기고 있다. 이미 1999년에 사빌리비리 섬이 사라졌다. 학자들은 약 100년 후에는 투발루를 이루는 섬 전체가 완전히 물에 잠길 것이라고 예상한다.

두 번째는 **인구의 증가**이다.

사람이 살아가면서 갖가지 자원이 필요하게 된다. 그 자원을 사용하고 난 뒤에는 각종 쓰레기와 폐기물이 뒤따른다. 그렇기 때문에 인구가 많은 대도시 같은 곳에서는 대기오염과 수질오염, 토양오염을 포함한 소음, 진동, 악취, 각종 폐기물의 방출 등, 환경 문제에 커다란 요인이 생기고 있다.

1850년 세계 인구는 10억이었다. 그로부터 80년이 지난 1930년경에는 그 두 배인 20억으로 불어났다. 그것이 1960년에는 30억, 1975년경에는 40억이 되었다. 그리고 1988년 세계 인구는 51억을 넘게 되었다. 2012년에는 70억 2천 명이다.

이처럼 인구가 늘어나고 문명이 발달할수록 사람들의 물자 소비량은 늘어난다. 그렇기 때문에 인구의 폭발은 각종 폐기물을 포함한 기타 오염 물질의 배출량을 증가시키게 된다.

세 번째를 **도시화**로 꼽고 있다.

18세기의 산업혁명 이후부터 산업이 발달하면서 도시화가 급속히 진행되었다. 각종 공장 등 산업체가 들어서게 되면서 거기에 필요한 노동력이 모여들고, 도시는 점점 커져 인구 과밀현상을 보이게 되었다. 인구가 집중되어 있으면 당연히 오염물질이 대량으로 나오게 된다. 그렇게 되면 그곳의 환경이 오염되는 것은 순간이다. 각종 폐기물과 생활 하수, 연료 사용과 자동차와 공장의 매연이 원인이 되는 대기오염 문제가 발생한다. 그 밖에도 소음, 진동, 악취까지 더하여 도시인들의 정서를 해치고 생활을 위협한다.

환경오염에는 경제 개발도 한몫을 한다. 물론 경제 개발은 한 나라나 한 지역의 경제적인 수준을 높여주고 생활의 풍요로움을 안겨주면서 소득 수준도 높여주는 수단이다. 그러나 경제 개발을 통해 자원 사용량이 늘어나고 소비 활동이 증대되면 필연적으로 쓰레기 등 환경오염을 부채질하는 부산물이 쏟아지게 되는 것이다.

다시 생각해 보자. 경제 개발은 사람들의 경쟁심을 만든다. 그래야 경제 발전을 촉진할 수 있기 때문이다. 이렇게 경제 성장을 추구하다 보면 자원을 무분별하게 사용하게 되고 자연을 파괴하게 된다. 그로 인해 자원이 점차 줄어든다. 또한 공장과 가정에서 배출되는 각종 폐기물은 자연 환경으로 흘러들어 간다. 모든 상품은 일단 인간에게 이용되었다가 필요 없어지면 다시 자연으로 버려진다. 경제 개발로 길이 뚫리고, 각종 건설물은 자연 환경을 파괴한다. 결국 인간은 자기 본래의 고향을 잃게 되고, 정서와 인정은 차츰 메마르게 된다. 지구의 환경에는 분명한 한계가 있다. 그러나 인간의 욕망은 한없이 커서 계속해서 자원을 소비하고 환경을 침해한다.

환경오염은 과학기술의 발달도 주요 원인이 되고 있다. 과학 기술의 발달은 인류의 문명에 크게 기여하고, 각종 편리한 상품의 개발로 우리의 생활을 편리하고 풍요롭게 해준다. 그러나 과학기술의 발달은 고체 폐기물과 농약에 의한 오염 등을 증가시키고 있다. 비행기와 자동차도 과학기술의 산물이지만, 질소산화물 같은 대기오염 물질을 방출하지 않는가? 그뿐인가? 사람을 다치거나 죽게 만들고, 지나친 소음과 매연으로 인간을 괴롭힌다. 합성수지, 플라스틱, 비닐 등도 공해에 한몫을 한다.

□ 지구를 아프게 하는 주범은 누굴까?

　모든 생명체의 보금자리인 지구가 몸살을 앓고 있다. 그 주범은 다름이 아니라 '이산화탄소'이다. 이대로 탄소배출량을 줄이지 않으면 지구가 더 뜨거워지고, 에너지는 고갈되고, 식량은 오염되고, 질병은 늘어나고, 물은 부족한 미래를 맞이하게 될 것이다. 우선, 이산화탄소의 실체를 알아보자.

○ '탄소 통조림'의 비밀

　지구를 사과 크기로 축소하면 대기층은 사과 껍질 정도로 아주 얇다. 그런데 지금 대기층에 이산화탄소가 많아지고 있다. 아득한 옛날에 대기에는 산소가 없었다. 그런데 바다에서 광합성을 하는 녹색 식물이 생겨나면서 산소가 생기게 되었다. 광합성은 이산화탄소를 흡수해서 몸속에 가두고 그 대신 산소를 내놓은 활동이다. 바다에 녹색 식물이 많아지면서 광합성을 활발하게 하니까 공기 중에 이산화탄소가 줄어들고 대신 산소가 많아진 것이다. 그 덕분에 육지에도 생물이 살 수 있게 되었다. 이산화탄소를 몸속에 가둔 동식물이 여러 차례의 지각 변동으로 땅에 묻혀서 마치 통조림처럼 저장되어 있는 것이 화석이다. 이산화탄소가 탄소 통조림으로 땅속에 묻히는 바람에 대기에는 산소가 많아져 동식물이 번성할 수 있는 기후 환경이 만들어진 것이다. 대기가 안정되니, 기후도 안정되고, 마침내 우리 인류의 조상도 태어났다.

　인류의 시작은 대략 13만 년 전쯤이다. 도구를 만들고 불을 사용하고 지능이 발달했기 때문에 인류는 혹독한 빙하기를 헤쳐 나올 수 있었다. 그리고 1만 년 전 빙하기가 끝나고 기후가 지금과 비슷한 모양으로 안정되자, 인류 문명은 비약적으로 발전하기 시작했다. 한곳에 정착해서 농사를 짓고, 가축을 기르고 국가를 세우고 문명을 건설하였다. 지금부터 약 250년 전 산업혁명이 일어난 뒤 인간은 더 편리한 삶을 살게 되었다. 바로 석탄과 같은 화석연료를 사용하게 되면서 가능하게 되었다. 화석연료는 지구가 대기 중의 이산화탄소를 땅속에 저장해 둔 탄소 통조림이라고 말할 수 있는데, 산업혁명 후부터는 마구 꺼내 쓰고 있다. 그래서 공기가 나빠지고 대기 중의 이산화탄소의 양도 늘어나 지구의 기후가 바뀌기 시작했다.

지금으로부터 2억 5천만 년 전 지구 위의 생물 95%가 사라진 대멸종 사건이 있었다. 원인은 지금보다 평균 기온이 섭씨 6도 높아진 지구온난화의 영향 때문이었다. 반대로 2,500만 년 전부터 시작된 대빙하기의 지구 평균 기온은 지금보다 섭씨 6도 정도 낮다. 온도가 섭씨 6도 높은가 낮은가에 따라 지구는 엄청난 변화를 보인다. 인류가 지금처럼 화석 연료를 계속 사용한다면 21세기 말에는 지구 평균 기온이 섭씨 6도 정도 오른다는 게 많은 과학자들의 경고이다.

인간은 자연과 더불어 살지 않으면 안 된다. 자연이 생명력을 잃으면 결국 인간도 살아갈 수가 없다. 그런데 인간은 끊임없이 자연을 거스르고 파괴하고 있다.

○ 탄소가 순환을 하고 있다죠!

과학자들은 생명체를 보면 그냥 단순히 탄소 덩어리로 보인다고 한다. 탄소는 생명체를 구성하는 가장 기본적인 원소이다. 자연 상태에서 석탄, 흑연, 다이아몬드와 같은 고체 상태로 존재한다. 기체 상태의 탄소화합물로는 이산화탄소, 메탄 등이 있다. 자연계에서 이산화탄소는 녹색 식물에 흡수되어 포도당과 전분으로 저장된다. 동물은 식물이 저장해 놓은 포도당과 전분을 먹는다. 포도당과 전분은 동물의 몸을 구성하는 성분이 되거나 몸속에서 태워져서 활동하는 데 필요한 에너지로 사용된다. 몸속에서 태운 포도당과 전분은 호흡을 통해 이산화탄소로 대기 중에 방출한다. 몸속에 저장된 것은 죽은 뒤에 미생물에 의해 분해돼 메탄가스나 이산화탄소로 일부는 방출되고 나머지는 땅속에 남아 거름이 된다. 이런 과정으로 탄소가 순환을 하고 있다.

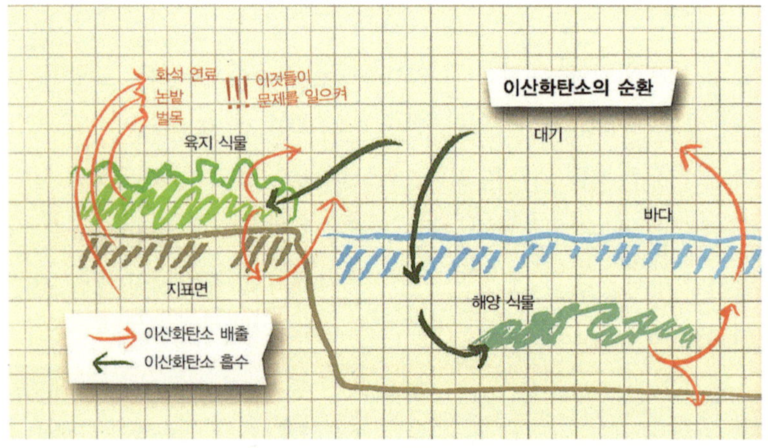

〈그림 10〉 이산화탄소의 순환

　자연은 탄소를 적절히 방출하고 또한 회수하여 지구가 적당한 기온을 유지할 수 있도록 한다. 탄소가 무기물에서 생명체로 이동하는 과정을 살펴보면, 대기 중에 포함되어 있는 이산화탄소 분자는 떠다니다가 우연치 않게 식물을 만나게 된다. 식물을 만나게 되면 이 이산화탄소 분자는 식물의 숨구멍으로 들어가서 산소원자 두 개를 잃고 수소, 질소 그리고 다른 탄소 원자와 화학적 결합을 하게 된다. 그리하여 식물의 몸을 이루는 원자가 되고 대기 중에 있던 무기물 탄소에서 식물 속의 탄소가 된다. 이제 식물은 여름에 무럭무럭 자라다가 늦가을이 되면서 하나둘씩 잎이 떨어지게 되고 그 잎은 자연 분해가 되어 흙의 일부가 된다. 그렇게 되면 그 탄소는 흙에 살고 있는 박테리아에게 흡수가 되고 다시 여러 화학 반응을 통해서 대기 중으로 날아가게 되는 것이다.

바다로 흘러들어 간 탄소 원자는 깊은 바닷속에 가라앉고 그 위에 계속 퇴적물이 쌓이게 된다. 이렇게 산소가 전혀 없는 무산소 환경에 그대로 저장되어 있다가 수백 수천만 년이 지난 후 대륙판이 이동하면서 탄소가 갇혀 있던 퇴적암층이 융기하게 된다. 풍화와 물에 의한 침식작용으로 노출된 퇴적암이 침식하게 되고 다시 탄소는 대기 중으로 나오게 되어 산소와 결합하고 지구온난화를 일으키는 온실기체가 되는 것이다.

지구에는 탄소를 가두어 놓는 저장소가 많이 있다. 따라서 지구의 기온을 잘 조절하기 위해서는 이 저장소를 얼마나 잘 유지하느냐가 중요한 것이다. 일반적으로 대기 중에는 8,000억 톤의 탄소가 있고 흙 속에는 그 2배, 바닷속에는 50배 정도가 있다고 한다. 대기 중의 이산화탄소가 많을수록 석회암이 빨리 생기게 되고 공기 중에 있는 이산화탄소를 제거한다. 또한 공기 중의 이산화탄소 농도가 높으면 지구가 따뜻해진다. 따뜻해지면 수증기의 증발이 활발해져서 비도 많이 오고 바람도 많이 불게 된다. 비바람이 많아지면 암석의 침식도 빨라지고 침식이 빨라지면 탄산도 더 빨리 생성이 되고 석회암이 더 빨리

생기게 되어 대기 중의 이산화탄소를 더 빨리 제거하기 때문에 지구가
다시 냉각되어진다. 지구가 냉각되면 풍화작용은 느려지고 석회암이
천천히 생기므로 대기 중의 이산화탄소량이 증가하여 지구가 다시 따
뜻해지게 된다. 즉, 지구는 스스로 온도를 제어하는 시스템을 갖고 있
고 이러한 것은 탄소의 순환으로 지구가 살아 있다는 것을 의미한다.

□ 몸살을 앓고 있는 지구 모습은 어떻게 보이나?

지구는 지금 환경오염으로 중병을 앓고 있다. 전 세계가 골머리를
앓고 있는 환경오염들을 하나하나 살펴보자. 탄소 배출로 인해 일어
나는 환경의 변화(온난화, 온실가스)와 생명을 위협하는 환경(환경호
르몬, 유전자조작)으로 나눠 알아보자.

○ 탄소 배출로 인해 일어나는 환경의 변화

❀ 산성비

비가 땅으로 떨어질 때 대기 중에 떠다니는 가스와 작은 입자, 먼
지 등과 같이 떨어진다. 그래서 비가 내린 뒤에는 하늘이 맑고 쾌청
하다. 산성비는 대기 오염이 심한 지역의 공기 중에 섞여 있는 황산
화물, 질소산화물 등이 빗물과 함께 섞여 내리기 때문에 나타나는 현
상이다.

산성의 농도 정도를 수소이온농도값인 페하(pH)로 측정하는데, 빗
물 속에 pH가 5.6 이하면 산성비라고 한다. 대체적으로 우리가 마시
는 수돗물의 산도(페하)는 6~7.4이다.

산성비는 지구 상에 어떤 영향을 줄까?

산성비가 많이 내리게 되면 눈을 자극하고, 식물을 말라죽게 하거나 색깔을 탈색시킨다. 그리고 금속류의 부식을 촉진시킨다. 예를 들면, 스웨덴과 노르웨이가 있는 스칸디나비아 반도는 경치가 아름답고 숲과 호수가 많기로 유명하다. 그러나 1960년 이후부터 이 반도의 호수에 서식하던 물고기들이 점점 줄어들더니, 드디어 어떤 호수에서는 물고기가 완전히 모습을 감추었다. 울창하던 숲도 잎들이 누렇게 변하여 낙엽이 지더니, 이윽고 일부의 숲은 앙상한 가지만 남게 되었다. 그런가 하면 2,000여 년이 넘도록 비바람에 견디면서 중요한 관광자원이 되고 있는 그리스의 대리석 신전, 로마의 콜로세움 등이 산성비의 영향으로 부스러져 무너질 위기에 처해 있기도 하다.

몇 년 전부터 우리나라에도 산성비로 인한 피해가 심각하게 나타나기 시작했다. 산성비를 일으키는 원인으로는 공장 연기 외에도 자동차가 내뿜는 매연도 큰 몫을 차지한다. 그러므로 산성비의 피해를 막기 위해서는 근본적으로 석유와 석탄을 사용하지 않아야 하지만, 이들을 대신할 만한 값싼 다른 연료가 없는 것이 문제다.

산성비의 피해를 없애려면, 신재생 에너지를 이용하여 공해가 없는 전기를 값싸게 생산하는 계획을 강력히 추진해 가지 않으면 안 된다. 이러한 노력은 어느 한 국가만이 아니라, 전 세계가 같이 서둘러야 할 일이다.

❀ 온실효과

1850년부터 1980년까지 지구의 평균 기온은 $0.3 \sim 0.7℃$(평균 $0.5℃$) 상승하고 있는 것으로 나타났다. 그 원인이 대기 중의 탄산가스 농도가 증가했기 때문이라는 발표가 나왔다. 지구에 와 닿는 태양열은 지표에 닿은 다음에 반사되어 외계로 빠져나간다. 이른바 복사열 현상이다. 그런데 지구에서 배출된 탄산가스가 대기권에 두텁게 형성되어 있다. 이 탄산가스의 막이 반사되어 대기권 밖으로 나가려는 태양열의 일부를 막아 버린다. 이런 결과를 초래하는 탄산가스와 화석연료의 가스는 계속 늘어나 기온은 날로 상승하고 있는 것이다.

온실 효과로 인하여 생기는 문제는 또 있다.

지구의 온도가 상승하면 극지방의 빙하가 녹게 된다. 그렇게 되면 바다의 수면이 높아져서 수백만 제곱킬로미터의 저지대가 바다 밑으로 잠기게 되는 일이 발생한다. 또 온대 지방은 사막이 될 위험에 처해 있다. 사막의 대표로 꼽히는 사하라사막도 애초에는 숲이 우거진 녹지대였으나 기후의 온난화 현상으로 사막이 되었다. 인구의 증가로 자꾸 좁아지는 지구가 이러한 일로 더 좁아진다면, 우리는 설 곳이 영영 없게 될 것이다.

❀ 사막화

지구의 사막화는 지나친 삼림의 벌목과 과도한 경작, 부족한 관개 시설 등으로 토지가 사막화의 특성을 나타내는 것을 말한다. 물론 이런 곳에서는 생산성이 줄어들고, 여러 면으로 고통이 따른다. 현재 지구 상에서는 남부 아메리카 대륙보다 넓은 지구의 약 35%가 사막화의 위험 가능성에 놓여 있다. 세계의 건조 지역, 준건조 지역, 준습지 열대 지역의 3/4에 해당하는 곳이 사막화가 진행 중이다.

세계 인구의 10% 정도인 5억이 사막화의 직접적인 영향을 받고 있고, 8억 5천이란 인구가 사막화의 위험 가능성이 있는 지역에서 살고 있다. 사막화 현상은 주민들의 대량 이주를 부르고, 먼지와 유전 자원의 손실 등을 일으킨다. 생태계의 파괴에도 커다란 영향을 미친다.

❀ 오존층 파괴

지구의 대기층 위쪽 약 25km 상공에 오존이라는 가스층이 있다. 이 오존층은 지구 상의 생물들에게 아주 중요한 역할을 한다. 사정없이 내리쬐는 자외선을 차단해서, 인간이나 동식물들이 성장하는 데 알맞은 양만 통과시키기 때문이다.

이렇게 중요한 역할을 하는 오존에 비상이 걸렸다. 1985년, 과학자들은 인공위성이 보내온 자료에 의해서 이 오존층에 거대한 구멍이 뚫려 있음을 발견했다. 남극 대륙 상공에 생긴 그 구멍은 미국 대륙만큼이나 크다고 한다. 구멍이 생긴 원인을 알아보니 프레온 가스라 불리는 염화불화탄소(CFC)로 밝혀졌다. 불에 타지도 않고 독성도 없는 이 가스는 주로 냉방 장치나 냉동 장치, 스프레이의 분사제 등에 사용된다.

오존층이 파괴되어 자외선의 양이 증가하면 백내장과 피부암 환자가 늘게 되고, 식물의 생장 발육에도 막대한 피해를 주게 된다. 오존이 1% 줄어들면 지구에 쏟아지는 자외선의 양은 2% 늘어난다고 한다. 그리고 백내장 발병률은 0.3~0.5%, 피부암은 3% 정도 더 늘어난다고 하니 오존층의 파괴로 인한 문제가 아주 심각하다고 할 것이다.

❀ 삼림의 황폐화

아마존의 정글은 세계 삼림의 약 1/4을 차지하고 있다. 이곳의 식물들이 내뿜는 산소의 양 또한 전 세계 산소의 1/4이 됨은 물론이다.

이 양은 전 세계 인구가 6시간 동안 마실 수 있는 양에 해당한다. 그래서 이 아마존 일대의 정글을 세계의 허파라고까지 한다. 그런데 무한한 산소 공급원인 이곳이 대규모 삼림 벌채와 화전 농업 등으로 점점 파괴되어 가고 있다.

삼림이 파괴되면 산소만 부족해지는 것이 아니다. 토양의 침식으로 경작지가 손실을 입게 된다. 자연적으로 있을 때 토양이 영원히 침식이 안 되는 것은 아니다. 그러나 그 침식을 식물들이 보호막 역할을 해주어, 아주 서서히 조금씩 침식한다. 또 침식하는 만큼 서서히 재생이 된다. 그러나 인간이 삼림을 파괴해서 생기는 토양 침식은 복구되지 않는다. 일단 한번 그 균형이 깨지면 토양 침식은 가속화되어 자연은 순식간에 황폐화되어 버린다. 왜냐하면 생물의 보호를 받는 자연 상태에서도 1센티미터의 토양을 재생시키는 데 100~400년이 걸리기 때문이다.

❀ 부(富)영양화

지구 상의 생물은 여러 가지 생물 간의 균형에 의해서 생존하게 된다. 즉, 생태계의 균형을 의미한다. 어떤 종류의 생물은 다른 생물의 먹이가 되고, 또 어떤 생물의 배설물은 다른 생물의 비료가 된다. 이 생태계의 균형을 인간의 활동이 깨뜨리고 있다. 그 가운데 가장 먼저 꼽는 것이 화학 비료와 세제이다. 인간이 만들어낸 화학 비료와 세제에는 천연 광물에서 뽑아낸 질산염과 인산염이 들어 있다.

자연적인 풍화 작용에 의해서 빠져나온 질산염과 인산염들은 조금씩 나오고, 아주 천천히 호수나 바다로 흘러들기 때문에 별다른 문제가 나타나지 않는다. 그러나 사람들이 사용해서 흘려보내는 질산염과 인산염은 짧은 시간에 엄청나게 많다. 그 많은 양의 질산염과 인산염은 그대로 하수도를 통해 강으로 흘러든다. 바다는 넓어서 어느 정도의 양은 수용할 수 있다. 그러나 사방이 막힌 호수 등은 경우가 다르다. 호수에 대량의 질산염과 인산염이 갑작스럽게 흘러들면 여러 종류의 박테리아가 급격하게 증식된다. 증식되는 과정에서 박테리아는 물에 녹아 있는 산소를 아주 빠르게 소비한다.

결국 물속의 산소 함유량이 낮아져서 그곳에 살던 동물들은 질식할 수밖에 없다. 그러므로 호수에서 어패류가 죽었다고 하면, 호수에 박테리아가 증가하여 산소 부족 현상이 생겼다고 보면 된다. 나중에는 박테리아까지도 질식해서 죽는다.

호수의 조류(온화 식물인 수초의 통칭)는 식물이다. 그래서 산소가 없이도 잘 번식한다. 그 조류가 죽게 되면 그것을 박테리아가 분해한다. 그런데 박테리아가 질식사한 다음에는 죽은 조류가 분해되지 못하고 녹색 부유물이 되어 물 위로 떠오르게 된다. 녹색 조류가 떠올라 있으면 그곳은 죽은 호수라는 것을 알 수 있다. 이처럼 생활하수나 공장폐수 등에 의해 유입된 영양염류가 증가하는 과정에서 어떤 생물이 대량으로 발생했다가 물속의 산소 함유량이 낮아져서 나중에는 대부분 죽는 현상을 부영양화라고 한다.

❀ 적조 현상

일종의 부영양화인 적조 현상은 흐름이 원활하지 못한 해역에서 바닷물이 오랫동안 머문다든가, 광합성 작용의 증대 등 여러 가지 요인으로 발생된다. 그래서 적조 생물인 플랑크톤이 내는 독소와 물속의 산소 부족으로 어패류가 전멸하게 되는 것이다. 적조 현상을 일으키고 있는 해안을 하늘에서 보면 검붉은 색의 띠가 펼쳐져 있는 것처럼 보인다.

원래 강물이 흘러드는 해안 근처에서 여름철에 일어나는 자연재해다. 여름철, 폭우가 내린 뒤 날이 개어 따뜻한 바람이 불면 이 현상이 나타나서 바닷속의 어패류를 죽인다. 그러나 요즘은 오염에 의해서 대도시나 공단에 인접한 해안에서 여름이나 겨울, 가릴 것 없이 언제나 발생되고 있다.

❀ 온실가스와 기후의 관계는?

온실가스가 지구 기후에 얼마나 큰 영향을 주는 걸까?

이산화탄소를 비롯한 온실가스가 기후 변화에 큰 영향을 미친다는 사실은 1980년대 후반에 확인되었다. 1987년 구소련과 프랑스 연구팀이 남극의 아이스코어를 통해 수만 년에 걸친 지구 기온과 온실가스 양의 변화 사이에 분명한 관계가 있다는 연구 결과를 세계 양대 과학 저널 중 하나인 <네이처> 지에 발표했다. 이 논문에 따르면 기온이 낮을 때 이산화탄소와 메탄의 양이 많지 않았고, 반면 기온이 상승하면 이들이 대기 중에 차지하는 비율이 올라갔다.

과학자들은 과거 기후 변화의 원인을 밝혀내면서 이산화탄소가 몇 차례 중요한 역할을 했다고 생각했다. 공룡이 멸종했던 약 6,500만 년 전에도 그런 일이 일어났다고 추측한다. 과학자들은 화석으로 변한 당시의 잎을 조사한 결과 대기 중의 이산화탄소가 매우 증가했다는 사실을 알아냈다. 이는 아마도 소행성이 석회석이 많은 지역에 충돌해 짧은 시간에 온실가스가 대량으로 대기 중에 유입되었기 때문이다. 그 결과 기온이 급상승해 갑자기 더워진 기후에 공룡을 비롯한 수많은 종들이 멸종했던 것이다.

○ 생명을 위협하는 환경

❀ 환경호르몬의 반격

사람들이 석탄과 석유를 이용하기 시작하면서 산업화로 인한 생활의 변화는 눈부시게 발전하였다. 그 이후 석유로 여러 가지 화학물질을 만들어내면서 또 다른 변화가 우리를 놀라게 하였다. 석유화학 제품이 없는 현대인의 생활은 상상할 수 없을 정도가 되었다. 현대인의 삶에서 석유가 없어진다면, 주변에 존재하는 물건의 절반쯤은 존재하지 않게 될 것이다. 이렇듯 눈부신 화학의 발전은 우리 생활을 편리하게 해 주었다. 그러나 이러한 편리함의 대가가 무엇인지 밝혀지기까지는 그리 오래 걸리지 않았다.

1962년 생물학을 전공한 레이첼 카슨은 자신의 저서 『침묵의 봄(*Silent Spring*)』에서 농약과 제초제의 남용이 해충을 죽일 뿐 아니라 다른 생명체에도 영향을 미친다는 것을 밝혔다. 결국 이 성분들이 생태계 먹이사슬을 통해 축적되어 상위에 있는 생명체에게도 치명적인 영향을 미칠 것이라고 주장하였다.

1996년 테오 콜본(Theo Colborn), 다이앤 듀마노스키(Dianne Dumanoski), 존 피터슨 마이어(John Peterson Meyers)가 함께 쓴 『도둑맞은 미래(*Our Stolen Future*)』에서는 화학물질이 구체적으로 어떤 경로를 통해 인간과 생태계를 공격하는지 다루었다.

그 후 1997년 일본 NHK TV

〈그림 11〉 레이첼 카슨과 저서 『침묵의 봄』

과학 프로그램에서 환경오염 물질이 체내로 유입되어 마치 호르몬처럼 여러 가지 기능을 한다는 의미에서 '환경호르몬'이라는 단어를 사용했으며, 이를 통해 환경호르몬의 위험성이 일반인에게도 널리 알려졌다. 최근에는 의미 전달을 더욱 정확히 하기 위해 내분비계 교란물질(ED, Endocrine Disruptor)이라는 용어를 사용하고 있다.

대표적인 내분비계 교란물질로는 DDT를 비롯한 수십 종의 살충제와 제초제, 음료수 캔을 코팅할 때 사용하는 비스페놀 A, 쓰레기 소각장에서 발생하는 다이옥신, 스티로폼의 성분인 스타이렌, 수은이나 납 같은 중금속 등이 있다.

우리 몸속의 장기와 조직은 따로 떨어져서 존재하지만, 서로 매우 긴밀하게 영향을 주고받는다. 멀리 떨어진 장기와 조직이 소통할 때 이들 사이 정보를 전달하는 매개체 역할을 하는 것이 호르몬이다. 그런데 이러한 호르몬 유사물질(내분비계 교란물질)이 몸속에 들어와 호르몬처럼 기능을 하면서 정상적인 성장이나, 번식을 방해하여 질병이나 장애를 만드는 것이다.

최근 들어, 인공적인 것보다 자연 친화적인 물질을 선호하는 경향이 늘어나기는 하지만, 여전히 새로운 화학물질에 대한 연구가 계속되고 있다. 앞으로도 어떤 물질이 내분비계 교란물질로 드러나 인간과 생태계 구성원의 삶을 위협하게 될지도 모르겠다.

❀ 유전자 조작(GMO)

옥수수를 맨 처음 재배한 나라가 어디일까?

옥수수는 중앙아메리카의 멕시코에서 처음 재배하였다. 옥수수 가루를 주원료로 해서 만든 토르티야라는 빵은 멕시코 사람들의 주식이다. 그런데 지금은 멕시코가 미국에서 대량으로 옥수수를 수입하고 있다. 필리핀은 1980년 중반까지 쌀을 자급할 뿐만 아니라 수출까지 하던 쌀 생산국이었는데 지금은 쌀을 가장 많이 수입하는 나라가 되었다.

이런 황당한 일이 벌어진 이유는 무엇일까?

두 나라 모두 농산물 수입을 자유롭게 하는 바람에 외국의 값싼 농산물이 쏟아져 들어왔고, 정부가 농업을 지원하는 정책과 예산을 크게 줄여 버렸기 때문이다. 그 결과 두 나라 모두 농업의 기반이 무너져 버렸다.

요즘 유전자 조작 식품(GMO, Genetically Modified Organism)이 식량 부족을 해결할 수 있다고 주장하고 있다. 하지만 과연 그럴까? GMO란, 생명 공학 기술로 유전자를 조작해 만들어 낸 농산물이나 축산물로 가공한 식품을 말한다. 주로 제초제를 뿌려도 죽지 않거나, 벌레가 먹지 않는 성질을 가진 콩이나 옥수수를 만든다. 식물이 자라는 속도를 빠르게 하거나 열매가 많이 열리게 할 수도 있다.

문제는 GMO가 안전하다는 보장이 전혀 없다는 것이다. GMO를 개발해 엄청난 돈을 벌어들이고 있는 몬산토라는 거대 기업의 영국 지부에서 이런 일이 있었다. 여기서 일하는 직원들이 구내식당 이용을 거부한 것이다. 자기 회사의 GMO로 만든 음식을 먹을 수 없다는 것이 이유였다. 결국 회사는 GMO가 들어가지 않은 별도의 메뉴를 마련해 줄 수밖에 없었다. 이것이 뜻하는 게 뭘까? GMO를 개발한 당사자들마저도 GMO의 안전성을 믿지 못한다는 의미이다.

GMO는 또 환경에도 큰 피해를 줄 수 있다. GMO는 자신과 유전자가 비슷한 야생종에게 유전자를 옮기기 쉽다. 이를테면 제초제를 뿌려도 죽지 않는 GMO 콩의 유전자는 야생 콩을 거쳐 잡초로 옮겨갈 가능성이 높다. 그렇게 되면 그 잡초는 제초제로는 없앨 수 없는 '무서운' 잡초가 되는 것이다. 이처럼 본래 자연 상태에서는 없던 새로운 생물 종이 나타나 퍼지게 되면 자연 생태계에는 큰 혼란과 피해가 발생할 수밖에 없다. 또한 GMO를 통해 이익을 얻는 것은 대다수의 일반 농민이 아니라 극소수의 거대 기업뿐이다. 오히려 일반 농민들은 GMO 탓에 종자 선택권을 잃어버리게 되었다. 이러한 숱한 문제점들 때문에 GMO는 식량 부족을 해결할 대안이 될 수 없다는 의견이 많다.

□ 지구의 위기를 이대로 두어도 될까?

지구는 위험에 직면하고 있다. 나날이 병들어 가고 있어 이를 위한 대응책을 마련하고자 노력하고 있다. 2009년 코펜하겐에서 열린 기후변화 국제회의에서는 지금처럼 지구온난화가 가속화되면 2020년에는 양서류가 멸종되고, 2080년에는 생물 대부분이 멸종된다는 끔찍한 시나리오를 제시하기도 했다.

이상기후 변화로 죽어가는 지구의 생명력을 살리기 위해 사람들이 어떻게 적극적으로 노력하고 있는지 알아보고 글로벌 해결책 모색에 함께 노력해야 할 것이다.

[1] 왜 지구가 아플까?

[2] 신화 속의 지구를 찾아라. 지구 사랑과 자연 보전의 상징을 '가이아'라고 한다. 그럼 가이아는 어떤 의미에서 사용되는 말인지 생각해 보자.

[3] 환경이 무엇일까? '환경'은 지구라는 행성을 구성하는 모든 것을 말한다. 그렇다면 환경은 누구를 위한 것일까?

[4] 환경이 파괴되면 지구에 살고 있는 생태계는 위협을 받을 것이다. 환경 파괴는 불편한 진실이지만, 엄연한 사실이다. 우리는 어떤 생각과 실천을 생각해 봐야 할까?

[5] 지구가 왜 오염되고 파괴되고 있을까? 그 이유가 생태계 불균형, 인구의 증가, 도시화에 의한 것이라면, 이런 현상은 인간의 어떤 생각과 행동 때문에 생기게 되었을까?

[6] 지구를 아프게 하는 주범을 알고 있나요? 비밀스러운 이야기이지만, 그것은 아주 오래전부터 돌고 도는 것이라고 한다. 그런데 왜 지금 더 많은 발생량을 만들고 있는지 알아보자.

[7] 몸살을 앓고 있는 지구의 모습은 어떻게 보이는가? 산성비, 온실효과, 사막화, 오존층 파괴, 삼림의 황폐화, 부영양화, 적조현상 등 많은 일들이 일어나고 있다. 신문이나 방송에서 이러한 일로 사건이 발생한 것을 모아 왜 그런 사건이 일어났는지 탐구해 보자.

[8] 인간이 만든 기후변화는 무엇일까? 지구가 아픈 사연은 기후변화로 알 수 있는데, 과거와 달리 현재 나타나고 있는 기후변화는 인간에 의해 나타난 것이라 한다. 그런데 이 때문에 다른 나라 사람들이 고생을 하고 있는 일들이 많다. 어떤 사건들이 있는지 알아보자.

[9] 온실효과는 기후변화에 큰 원인이 되고 있다. 지구 복사에너지를 잡아두는 온실가스! 어떻게 생겨난다고 생각하는가?

[10] 생명을 위협하는 환경을 들어보았는가? 최근 산업화 이후 과학기술과 경제가 발전하면서 인간은 새로운 화학물질과 농작물을 더 많이 생산할 수 있는 능력을 가지게 되었다. 그런데 편리성만큼 위험성도 생기게 되었다. 여러분은 이런 환경에 대해 어떻게 하여야 할까?

[11] 레이첼 카슨이 처음으로 『침묵의 봄(*Silent Spring*)』이라는 책에서 화학물질이 구체적으로 어떠한 경로를 통해 인간과 생태계를 공격한다고 하였다. 오늘날 '환경호르몬'으로 알려져 있는 내분비계 교란물질 때문에 앞으로 우리에게 어떠한 일이 생길지 생각해 보자.

[12] 동남아시아는 이모작을 하는 나라들이 많다. 그런데 이제는 수출국이 아니라 수입국으로 바뀌어 힘들어하고 있다. 이런 황당한 일을 해결하기 위해 유전자 조작 식품(GMO, Genetically Modified Organism)으로 대량생산하여 식량 부족 문제를 해결하고 있다. 이러한 일로 인해 앞으로 어떤 문제가 생기게 될까?

1. Klaus Topfer, Friderike Bauer, 박종대 · 이수영 역, 『청소년을 위한 환경교과서』, 사계절(2010)
2. 장성익, 유남영 그림, 『둥글둥글 환경이야기』, 풀빛(2012)
3. Felix und Freunde, 김시형 역, 『이제 우리가 지구를 구해요』, 노란 상상(2012)
4. 조홍섭, 『생명과 환경의 수수께끼』, 고즈윈(2007)
5. Jacqui Bailey, 이소영 역, 『지금 당장 시작해! 지구를 살리는 녹색 실천』, 아이세움(2010)
6. 김소천, 『어떡해요, 지구가 아프대요』, 바른사(1996)
7. Yann Arthus-Bertrand, 김외곤 · 안광국 역, 『얀이 들려주는 지구의 미래』, 황금물결(2010)
8. Lynne Cherry and Gary Braasch, 이충호 역, 『과학자와 어린이가 함께 파헤치는 지구온난화』, 두레아이들(2010)
9. Sophie Javna · The Earth Works Group, 황성돈 역, 『어린이가 지구를 살리는 방법 50』, 물병자리(2009)

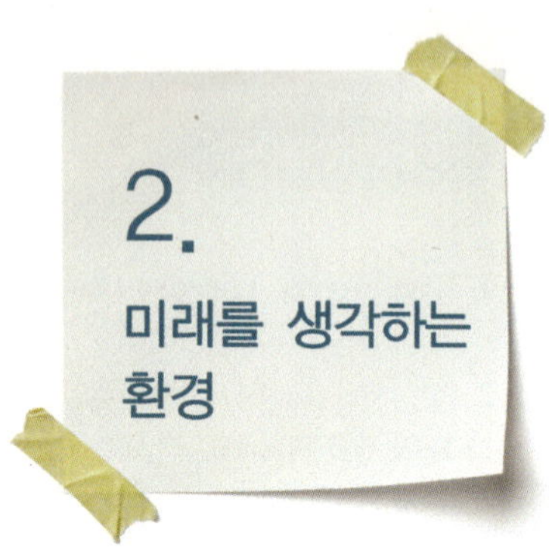

□ 지구를 다시 살릴 수 있을까?

　환경오염! 아직은 괜찮다고 생각하는 사람들이 많이 있을지도 모른다. 하지만 자연이 아파한다. 그리고 이제 인간의 차례가 되었다. 과거 지구를 아프게 한 환경을 바꾸기 위해, 지금 인간이 어떻게 노력하고 있는지 알아보자. 환경오염에 대해 적극적인 대안들은 기후변화, 대기오염, 수질오염에서 찾을 수 있다. 이는 국제적 관심사이며, 전 세계가 정부 차원에서 통제가 되어야 효과를 얻을 수 있다. 한국과학창의재단에서는 『지구를 생각한다』는 책을 통해 기후변화, 에너지, 식량, 질병, 물이라는 5가지 키워드로 미래 환경에 대해 논의하였다. 이 책에서는 물 부족, 탄소 거래, 새로

〈그림 12〉 『지구를 생각한다』
표지

운 에너지에 대해 알아보고자 한다.

□ 물 부족

○ 정말 물 전쟁이 시작될까?

지난 2008년 7월 미국 워싱턴에서 열린 세계미래회의에서는 무서운 이야기가 오고 갔다. 앞으로 10년 안에 제3차 세계대전이 발발한다면, 아마도 물 전쟁이 될 것이라고 예측하였다.

세계미래회의가 예측한 물 전쟁이란 다름 아닌 물을 서로 차지하기 위해 싸우는 전쟁을 의미한다. 현재 전 세계에 두 나라 이상의 영토를 흐르는 '다국적 강'은 무려 263개나 된다. 유럽의 다뉴브 강은 14개 나라, 아프리카의 나일 강은 11개 나라, 남아메리카의 아마존 강은 9개 나라에 거쳐 흐른다. 그러니 강물을 서로 차지하기 위한 나라 간의 다툼이 일어날 수밖에 없는 상황이다. 실제로 강물을 놓고 국가 간에 전쟁이 일어난 적도 있다.

'6일 전쟁'이라고도 불리는 3차 중동전쟁의 원인은 바로 강물 때문이다. 국경이 접해 있는 요르단 강을 이용해 이스라엘이 농업지대를 조성하려 하자, 시리아가 요르단 강 상류 지역에 댐을 건설하기 시작했던 것이다. 댐이 완공될 경우 이스라엘 지역을 흐르는 요르단 강으로는 물이 흘러들어 가지 않게 된다. 이에 위기의식을 느낀 이스라엘은 폭격기를 보내 댐을 파괴했고, 그렇게 해서 발발한 전쟁이 바로 6일 전쟁이다. 전쟁에서 승리한 이스라엘은 요르단 강 서안과 갈릴리 호의 수원지인 골란 고원 등을 점령해 그 일대의 수자원을 확실히 확보하는 성과를 거두었다.

이집트 문명의 발상지인 나일 강 역시 물로 인한 다툼이 심한 지역이다. 나일 강은 부룬디·콩고·에티오피아·케냐·르완다·수단·탄자니아·우간다 등의 나라를 거쳐 종착지인 이집트로 흐른다. 이집트는 현재 이용 가능한 물의 양보다 수요량이 훨씬 많아 수자원 확보에 열을 올리고 있는 국가이다. 때문에 이집트는 나일 강 상류 지역의 나라가 댐을 건설할 경우 언제든지 공격할 수 있도록 전쟁 준비를 끝내 놓고 상대국들을 위협하고 있다. 실제로 이집트는 1980년대 중반, 수단을 향한 공중 폭격 명령을 내리기 일보 직전까지 간 적도 있다. 에티오피아 등 인구가 급속히 늘어나고 있는 나일 강 상류의 국가들도 물 수요량이 급증하고 있어, 날이 갈수록 나일 강을 사이에 둔 갈등이 커지고 있다.

기후가 매우 건조한 중앙아시아 중심부에 위치한 아랄 해는 국가 간의 협력이 이루어지지 않아 발생한, 세계적으로 가장 유명한 환경 재앙 지역이다. 1960년경부터 구소련은 아무다리야 강, 시르다리야 강 등의 물을 이용해 우즈베키스탄, 카자흐스탄, 투르크메니스탄 등지의 넓은 땅을 목화 농경지로 바꾸었다. 이로 인해 아랄 해로 흘러드는 강물의 양이 크게 줄고 염분 농도가 짙어져, 예전에는 풍부했던 철갑상어와 잉어 등의 어류가 멸종 위기에 놓일 만큼 죽음의 호수로 변하고 말았다. 호수 크기도 예전의 1/4로 줄어 나머지는 사막이 되어 버렸다. 힌두 문화의 중심지를 이루는 갠지스 강 역시 인도와 방글라데시 간의 갈등을 빚는 원인이 되고 있다.

물로 인한 분쟁은 국가 간의 문제만이 아니다. 아프리카 북동부에 위치한 소말리아에는 최근 '우물 과부'라는 신조어가 생겨났다. 우물을 서로 차지하기 위한 전투에서 남편을 잃은 과부라는 뜻이다. 지난 2003년부터 극심한 가뭄이 계속되자 우물이 하나밖에 없는 소말리아의 라브도레 마을에서는 두 부족 간의 살육전이 시작되었다. 우물을 빼앗길 경우 부족 전체가 위험해지므로 전투는 치열했다. 3년 동안 이 마을에서 무려 200여 명이 전사할 정도였다.

우리나라의 경우에도 지난 2001년 완공된 전북 진안군의 용담댐의 물 배분량 문제와 수질 오염 문제를 둘러싸고 전북권과 충청권이 갈등을 빚은 바 있다.

이처럼 물이 분쟁의 주요 요인으로 떠오른 가장 큰 이유는 바로 세계 인구의 폭발적인 증가 때문이다. 1960년경 30억 명이었던 세계 인구는 불과 40년 만에 그 두 배인 60억 명으로 불어났다. 이는 그 이전 400만 년 동안의 인구 증가보다 더 많은 수치다.

문제는 앞으로도 세계 인구가 계속 증가할 거라는 데 있다. 2025년이 되면 80억 명, 2050년에는 90억 명 이상이 될 것이라 예상된다. 더구나 경제 성장과 생활의 선진화로 1인당 물소비량은 급속히 늘어나는 추세다. 경제개발협력기구 회원국들의 1인당 물 소비량은 사하라 이남 아프리카 지역의 15배이다. 하지만 인간이 쓸 수 있는 민물의 양은 예나 지금이나 똑같이 한정되어 있다. 그러니 물 공급의 불공평이 심화되어 서로 싸울 수밖에 없는 것이다.

지난 50년간 전 세계에서 물로 인해 발생한 국가 간의 폭력사태만 해도 무려 37건이나 된다. 또 물 부족이나 수질오염으로 목숨을 잃는 사람들의 수는 연간 500만 명에 달한다. 이는 전쟁으로 인한 사망자보다 훨씬 많은 숫자다. 영어로 경쟁자를 뜻하는 라이벌이란 단어가 개울이나 시내를 뜻하는 라틴어 리부스에서 유래된 걸 보면, 물로 인한 다툼의 역사는 꽤 오래된 듯하다.

세계은행은 20세기가 석유 분쟁의 시대였다면 21세기는 물 분쟁의 시대가 될 것이라고 이미 경고한 바 있다. 석유는 바이오 연료나 신에너지로 대체될 수 있지만, 물은 그 무엇으로도 대체할 수 없으니 더 심각한 것이다. 물을 지배하는 나라가 미래의 세계를 지배할 것이라는 말이 점차 현실로 다가오는 듯하다.

○ 물 부족으로 힘들어 하는 나라 이야기

❀ 생명을 살리는 휴대용 정수기, 라이프 스트로

'기니 벌레'는 아프리카의 토착 기생충이다. 보통 물을 통해 사람의 몸속으로 들어와 살아간다. 강한 위산에도 끄떡없이 사람의 위를 파고들어 가서 자라다가 성충이 되면 사람 몸의 어느 부분이든 뚫고 나온다. 만약 성충이 눈이나 뇌로 옮겨 가면 목숨을 잃을 수도 있다. 생각만 해도 끔찍하고 위험한 기생충이다.

미국의 전 대통령 지미 카터는 아프리카를 방문했을 때 기니 벌레를 보고 충격을 받았다. 카터 대통령은 물속의 기생충 알이 사람의 몸속으로 들어가는 것을 막기 위해 노력했고, 그 결과 '라이프 스트로(Life Straw)'가 탄생했다.

〈그림 13〉 라이프 스트로
(Life Straw) 사용

덴마크의 다국적 기업인 '베스트가드 프랑센' 그룹이 10여 년의 연구 끝에 개발한 휴대용 정수기, 라이프 스트로는 인간에게 치명적인 이질, 장티푸스, 디프테리아, 콜레라를 일으키는 미생물을 **99%** 걸러주며, 시겔라, 살모넬라 등의 박테리아를 제거했다. 이 회사는 카터 재단을 통해 라이프 스트로를 아프리카는 물론 깨끗한 식수를 구하기 어려운 개발도상국 주민에게 값싸게 보급했다. 이후 라이프 스트로는 수인성 전염병 예방에 기여하고 있다.

라이프 스트로는 기능과 디자인 면에서도 매우 성공적인 작품으로 꼽힌다. 이 제품을 실제로 사용할 아프리카의 지역적 특성을 최대한 배려하여 만들어졌기 때문이다. 우선 비싼 정수기를 대신하면서도 휴대가 간편하다는 점이 가장 탁월한 특징이다. 보통의 정수기는 크기가 커서 집에서 주로 사용하도록 되어 있지만, 그런 정수기는 아프리카의 지역적 특성과는 맞지 않다. 그러나 라이프 스트로는 언제 어디서나 사용할 수 있는 휴대용이어서 아프리카 사람들이 쉽게 이용할 수 있다.

물이 걸러지는 시간을 기다리지 않고 바로 사용할 수 있는 점도 라이프 스트로의 장점이다. 또 배터리나 필터를 갈아 끼울 필요 없이 하루 2리터 이상, 약 1년 동안 700리터의 물을 정수할 수 있다. 가격 또한 아주 저렴하다. 라이프 스트로는 전 인류가 기술의 혜택을 누릴 수 있도록 한, 디자인 기술의 모범 사례로 꼽힌다. 아름다움과 편리함을 넘어 생명의 고귀함을 지키는 데에 기여한 디자인이라고 할 수 있다.

❀ 사막에 물을 주는 큐드럼(Q-drum)

아프리카에는 물이 부족한 지역이 많다. 그래서 시골에서는 깨끗한 물을 구하기 위해 몇 킬로미터를 걸어 다니는 사람을 쉽게 볼 수 있다. 심한 경우, 깨끗한 물을 길어 오는 데 하루가 걸리기도 한다. 특히 물 긷는 일을 어린이들이 담당하고 있는 경우가 많다. 어른들은 생업에 종사해야 하기 때문이다. 물 긷는 일을 미룰 수 없어서 학교 다니는 것을 포기하는 어린이도 있을 정도다.

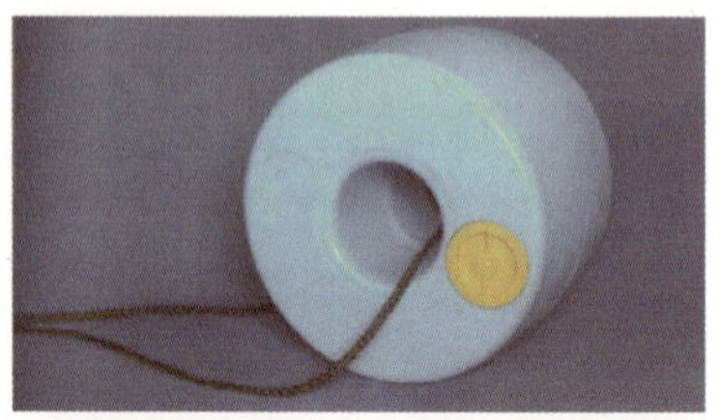

〈그림 14〉 큐드럼

물을 길어 오는 일 자체가 어린이들에게는 매우 벅찬 일이다. 어린이들은 대부분 물을 머리에 이거나 손으로 들거나 그것도 안 되면 등에 지고 나르는데, 그 무게가 결코 가볍지 않다. 게다가 몇 킬로미터나 되는 길을 걸어서 물을 길어 와야 하므로 그 고통은 아주 크다.

이러한 문제를 해결하기 위해 남아프리카공화국의 디자이너 피에트 핸드릭스는 큐드럼이라는 물통을 디자인하였다. 큐드럼은 쉽게 굴러갈 수 있도록 디자인된 둥근 원형 모양의 물통으로 한번에 75리터 정도의 물을 운반할 수 있다. 물동이를 이거나 들거나 지는 대신에 물이 담겨 있는 물통을 굴려서 운반하면 된다. 어린이들이 힘들이지 않고 놀면서 물을 운반할 수 있도록 물통을 디자인한 것이다.

큐드럼의 예에서 알 수 있듯, 다른 사람을 생각하는 따뜻한 마음에서 시작된 기술과 디자인은 이웃을 돕고 지구를 살리는 중요한 열쇠가 될 수 있다.

○ 물 부족 해결 방법을 찾아라

❀ 빗물, 모으면 돈이 될까?

남아프리카 내륙에 있는 작은 나라 보츠와나에서는 돈을 세는 화폐가 '풀라'이다. 풀라는 그 나라 말로 비를 뜻한다. 풀라보다 단위가 좀 더 작은 화폐는 '테베'라고 하는데, 테베 역시 빗방울이란 뜻이다.

왜 보츠와나 국민들은 비와 빗방울이란 말을 화폐 단위로 사용했을까? 그들의 생활 방식을 살펴보면 그 이유를 잘 알 수 있다. 보츠와나에서는 집이나 학교마다 커다란 수조를 두고 비가 올 때마다 빗물을 모아서 식수나 생활용수로 사용한다. 이곳에서 빗물은 하늘이 내려주는 돈과 마찬가지로 소중한 존재이다. 즉, 빗물을 돈처럼 소중하게 여기는 생활습관 때문에 자연히 화폐 단위로 그와 같은 말을 사용하게 된 것이다.

우리나라에서도 역사적으로 물을 돈처럼 아주 소중히 여겼다. 예로부터 물이 매우 귀했던 제주도에서는 잔칫집에 초대받아 갈 때 선물로 물을 가득 담은 항아리를 가져가곤 했다. 물이 곧 돈이나 과일 같은 값진 선물이었던 셈이다. 제주도에서는 비가 올 때 나무를 타고 새끼줄을 따라 흘러들어온 빗물을 항아리에 모은 후 식수로 사용하곤 했다. 여름철에는 그 항아리 물을 상하지 않게 하기 위해 개구리를 거기에 넣어 기르는 집도 있었다고 한다.

조선시대에는 집집마다 장독대 외에 물독대라는 걸 따로 두었다.

거기에다 사시사철 내리는 빗물을 받았고, 천수라고 하여 귀하게 여겼다. 또 입춘 전후에 받은 빗물은 '입춘수'라고 하여, 그 물로 술을 빚어 마시면 기운이 왕성해진다고 믿었다.

우리가 사용할 수 있는 물은 모두 비에서 비롯된다. 유유히 흐르는 강물과 수돗물, 그리고 지하에서 퍼올리는 우물물도 빗물에서 시작된다. 비가 얼마만큼 많이 오고 적게 오는가에 따라 자연 환경과 사람들의 생활 방식도 결정된다. 우리나라처럼 비가 많이 내리는 지역에서는 밭농사가 발달했다. 또 비가 간혹 내리는 지역에는 초원이 발달하여 소나 양·말·염소 등을 키우며 사는 유목민들이 많았다. 그리고 비가 거의 내리지 않는 지역은 식물이 자라지 못하는 사막이어서 사람도 살지 못했다. 즉, 강수량에 따라 거기에 사는 사람들의 삶이 결정되는 것이다.

마찬가지로 세상의 모든 물 문제 역시 빗물에서 시작된다. 우리나라의 경우 2020년이 되면 약 10억 톤의 물이 부족할 것이라고 한다. 그런데 우리나라에서 1년 동안 내리는 비의 양이 약 1,240억 톤이다. 빗물의 1퍼센트만 활용해도 10년 후에 다가올 물 부족 문제를 해결할 수 있는 것이다.

그러나 문제가 그리 간단하지 않다. 서울의 경우 1962년에는 빗물이 땅속으로 스며드는 양이 총 빗물량의 약 40퍼센트에 달했다. 그런데 현재는 그 절반 수준인 23퍼센트밖에 되지 않는다. 빗물이 땅속으로 많이 스며들어야 지하수도 풍부해지고 강도 오랫동안 마르지 않는다. 그러나 빗물이 땅속으로 스며들지 않게 되면 지하수가 고갈되고 강의 수위가 낮아질 뿐 아니라 지반 침하로 인한 건물 붕괴의 위험까지 있다. 실제로 서울의 지하수 수위는 최근 6년 동안 0.6미터나 낮아졌다. 특히 주택가가 밀집된 지역의 지하수 수위는 3.2미터나 내려간 것으로 조사되었다.

왜 예전처럼 빗물이 땅속으로 잘 스며들지 못하는 것일까? 그 원인은 바로 아스팔트와 콘크리트 바닥에 있다. 도시의 땅이란 땅은 모두 아스팔트 아니면 콘크리트로 뒤덮여 비가 스며들 맨땅이 거의 없기 때문이다. 땅속으로 스며들지 못한 빗물은 모두 모여 하수도로 흐른다. 비가 내리자마자 빠른 속도로 하수구로 흘러가 버리니, 갑작스레 폭우가 내릴 경우 도시 부근의 하천은 물이 자주 넘칠 수밖에 없다. 또 하수구의 배수구가 막혀 빗물이 제대로 빠지지 못하게 되면 도시 전체가 물에 잠겨 버리기도 한다. 그 때문에 이제는 빗물을 빠르게 내보내는 것보다는 빗물을 도시 속에 가둬 자연 친화적으로 사용하는 빗물 이용 기술에 많은 국가들이 관심을 두고 있다.

실제, 빗물을 활용하는 나라들을 알아보자.

대만에 있는 타이베이 시 동물원은 900톤 정도의 빗물을 모을 수 있는 시설을 갖추고 있다. 모아진 빗물은 정원을 가꾸거나, 화장실 등에서 쓰인다.

독일은 적극적으로 빗물을 이용하는 나라이다. 빗물을 마시는 물로 사용하지는 않지만 정원이나 화장실, 세차 등에 이용해서 제한된 지하수를 보존하고 있다. 베를린에 있는 소니센터와 코블렌츠 기술대학에서는 저장된 빗물을 화장실 용수나 소방용수로 사용한다.

미국 캘리포니아, 하와이에서는 농수나 수돗물로 사용하고 있다. 이는 1976-77년 심한 가뭄을 겪은 후 빗물에 관심을 가지게 되었기 때문이다.

영국은 1995년 심각한 물 부족 현상을 겪었다. 물을 공급하던 회사들은 한계를 느꼈고, 국민들은 깨끗한 물이 제한되어 있다는 것을 깨달았다. 대표적인 빗물 이용 시설은 밀레니엄 돔이다.

✿ 해양, 물을 얻을 수 있을까?

부족한 물을 바닷물로 충당할 수는 없을까? 방법이 꼭 없는 것은 아니다. 바닷물에서 염분만 제거하면 먹을 수 있기 때문이다. 실제로 바닷물의 염분을 0.05퍼센트까지 낮추면 마실 수 있는 것으로 알려져 있다. 그럼 바닷물에서 어떻게 하면 염분을 제거할 수 있을까?

그 방법은 기원전 4세기 고대 그리스의 철학자 아리스토텔레스에 의해 이미 밝혀졌다. 그는 바닷물을 끓이면 수증기가 나와 소금만 남고, 그 수증기를 다시 액화시키면 순수한 물이 된다는 사실을 알고 있었다. 그 후 문헌상에 이 방법을 처음 기록한 이는 아라비아의 연금술사이자 화학자인 자비르였다. 그는 책에서 "선원들이여, 바닷물이라도 끓여서 그 증기를 해면체에 포집하여 짜면 갈증을 해소할 수 있다"라고 적었다.

이처럼 바닷물을 사람이 먹을 수 있는 물로 만드는 것을 '해수담수화'라고 하는데, 사막이 많은 중동 지역 등의 일부 국가에서는 바닷물을 끓여 소금기만 남기고 수분을 증발시키는 이 '증발식 담수화' 방법으로 물을 얻고 있다.

1560년 튀니지에 이 방식으로 최초의 해수담수화 공장이 세워져, 하루 약 5.4톤의 물을 스페인 병사 700명에게 공급했다. 산업혁명기를 거치면서 사탕수수에서 설탕을 얻기 위해 이 같은 증발법은 더욱 발달하기 시작했다. 사탕수수의 경우 많은 양의 물과 함께 증발시키면 설탕 결정을 얻을 수 있는데, 그로 인해 효율적인 증발기가 발전한 것이다. 그 영향으로 19세기 말 여러 곳에 해수담수화 공장이 설치되었지만, 에너지 효율이 낮고 생산단가가 너무 높아 본격화되지는 못했다.

그러다 제2차 세계대전이 발발하면서 사막 지역의 군인들에게 물을 공급할 필요가 생기자 해수담수화 기술의 개발이 본격화되었다. 1960년에는 드디어 쿠웨이트에 하루에 4천 톤의 물을 생산할 수 있는 대규모 해수담수화 생산 시설이 최초로 설립되었다.

세계 최고의 도시로 부상하고 있는 아랍에미리트 두바이의 인근 도시 후자이라에는 현재 45만 톤 규모의 해수담수화 시설이 들어서 시민 13만 명에게 수돗물을 공급하고 있다. 이스라엘 해양 휴양 도시인 아스켈론에도 2개의 해수담수화 플랜트 단지가 건설되고 있으며, 스페인 정부도 남부에 20개의 담수화 플랜트를 건설할 계획이 있다. 특히 사막이 많은 걸프 만 지역은 해수담수화 시설이 많이 건설되어 전 세계 담수화 용량의 3분의 2를 해결하고 있다.

한편 산업 발전에 이용하기 위한 해수의 담수화 시설도 추진되고 있다. 칠레의 주요 산업인 광업은 용수를 많이 필요로 하는 대표적인 산업이다. 칠레는 북부 안토파가스타 구리 광산의 용수 공급을 위해 태평양에서 물을 끌어올려 고도 2,800미터의 사막에 위치한 광산에 매일 45,000톤의 용수를 공급할 담수화 시설을 추진하고 있다.

요즘 백화점이나 대형마트 매장에 가보면 아주 '특별한 물'을 볼 수 있다. 분명 생수인데 다른 제품들보다 2~3배 비싼 생수가 그것이다. 심지어 일본에서 수입한 생수 중에는 일반 생수보다 10배 이상 비싼 것도 있다. 똑같은 생수인데 왜 그 제품들은 그토록 비싸게 팔리고 있는 것일까?

제품의 라벨을 보면 그 이유를 알 수 있다. 라벨에는 '해양심층수'란 글자와 더불어 그 물을 얻은 취수 해역과 물에 들어 있는 무기물 함량이 나와 있을 것이다. '해양심층수'라는 글자가 표시된 제품은 비단 생수만이 아니다. 해양심층수로 만든 두부도 있고 해양심층수 김치와 해양심층수 소주도 나와 있다. 화장품 코너에 가면 해양심층수로 만든 화장품들을 볼 수 있다. 도대체 해양심층수가 뭐기에 그렇게 많은 제품들이 해양심층수로 만들었다는 걸 강조하고 있을까?

해양심층수란 말 그대로 바다 깊은 곳에 있는 물이다. 바닷속을 자세히 분류하면 바다 표면에서부터 200미터까지를 표층이라 하고, 거기서부터 1,000미터까지를 중층이라 부른다. 중층보다 더 깊은 1,000~4,000미터까지를 상부 심해, 4,000미터 이하를 하부 심해라 한다.

햇빛이 주로 비치는 곳은 표층까지가 대부분이며 때문에 수심 200미터 이하의 바다를 무조건 심해라고 부르기도 한다. 따라서 해양심층수는 보통 수심 200미터 이하의 깊은 곳에 존재하는 물을 가리킨다. 표층의 바닷물과 달리 깊은 곳의 물을 해양심층수라고 하여 특별히 다른 명칭으로 부르는 까닭을 알기 위해서는 우선 해양심층수의 탄생 과정부터 이해하는 것이 좋다.

가만히 한곳에 머물러 있을 것만 같은 바닷물도 알고 보면 끊임없이 지구 전체를 순환한다. 대부분 바람에 의해서 생기는 난류와 한류 같은 해류에 의해 강물처럼 일정한 방향으로 흐르기 때문에 지구 규모의 해양대순환이 일어나는 것이다.

그런데 지구를 순환하는 바닷물이 그린란드의 빙하 지역에 도착하면 온도가 차가워져 비중이 커지게 된다. 비중이 커진 표층수는 무거워서 아래로 점점 내려가게 되고, 위쪽의 따뜻한 물과 활발히 섞이지 못한 채 마치 물과 기름처럼 서로 경계를 유지하면서 존재하게 된다.

이 심층수는 대서양을 따라 남하하면서 남극의 웨들 해에서 만들어진 심층수와 만난다. 합류한 심층수는 다시 인도양과 태평양의 바다 깊은 곳으로 이동하는데, 북태평양의 북부 해역에 이르게 되면 상층의 따뜻한 바닷물과 섞이면서 표층 근처로 떠오른다.

표층수에서 심층수가 되어 전 세계를 한 바퀴 돌고 다시 표층으로 떠오르는 바닷물의 이 여행은 몇 년이나 걸릴까? 어떤 과학자들이 방사성동위원소법으로 측정해 본 결과 약 1,670년이 걸린다는 연구 결과가 나온 적이 있다. 다른 과학자들도 보통 1,500년 내지 2,000년 정도 걸릴 것으로 추정하고 있다. 따라서 한 번 해양심층수가 되면 적어도 1,500년 이상은 계속 깊은 바닷속에서만 머무르게 된다. 이로 인해 해양심층수만의 특성을 갖게 되는 것이다.

바다의 표층에서는 햇빛이 투과하므로 식물성 플랑크톤과 해조류 등이 광합성을 통해 유기물을 생산한다. 이 유기물을 동물성 플랑크톤이나 작은 어류들이 먹는다. 그러나 표층 아래의 햇빛이 도달하지 않는 심해에서는 유기물을 먹고 사는 미생물의 양이 크게 줄어들었다. 또 표층의 유기물은 가라앉으면서 영양염 형태로 분해된다. 이 때문에 해양심층수는 영양염류가 풍부하며, 각종 병원균과 유기오염물이 적어 매우 깨끗한 특성을 지니게 된다. 더불어 여름이나 겨울 등 계절의 변화에 관계없이 항상 2도 정도의 낮은 온도를 유지하는 '저온성'이라는 특징도 지닌다.

아주 오랜 세월 동안 높은 압력에서 숙성되어 성질이 매우 안정적이며, 그로 인해 인간에 필요한 필수 미량원소와 다양한 미네랄이 인체의 구성과 흡사한 분포로 존재한다는 장점도 있다.

○ 하수도, 가능할까?

프랑스 파리의 센 강을 따라 걷다 보면 하수도박물관이라는 특이한 간판이 눈에 띈다. 하수도박물관에서는 이곳으로 흘러드는 하수의 처리 과정과 파리 하수도의 역사적 변천을 잘 보여 주고 있다.

파리 하수도 하면 제일 먼저 떠오르는 것이 장발장이다. 빅토르 위고가 쓴 『레 미제라블』을 보면 시민혁명 때 장발장이 청년 마리우스를 업고 하수도로 피신하는 내용이 나온다. 이 소설이 발간될 당시 파리의 하수도는 이미 수백 킬로미터나 되었는데, 장발장의 도주로로 묘사된 하수도 모습은 너무나 정확하고 자세해서 실제 고증 자료로 사용되기까지 한다.

하수도의 역사는 아주 오래전으로 거슬러 올라간다. 기원전 2000년경에 크레타 섬 궁전에서는 이미 수세식 변소에 배수관을 달았으며, 기원전 6세기경 바빌론에서는 토관을 사용했다고 한다. 또 고대 로마 시대 때 축조한 하수구는 얼마나 튼튼했는지 지금까지도 남아 있을 정도이다.

근대식 하수도가 만들어지기 시작한 것은 19세기경이다. 산업혁명으로 인해 도시 인구가 급증하고 전염병이 번지자 오물을 물과 함께 흘려보내는 하수관을 설치하자는 아이디어가 나온 것이다. 그 후 콜레라가 물이나 음식물에 들어 있는 세균에 의해 전염되는 수인성 질병이라는 사실이 밝혀지자, 유럽에서는 하수도 시설이 본격화되었다. 사실 근대식 하수도가 설치되기 전까지만 해도 유럽의 대도시들은 오물투성이였다. 당시 유럽에는 건물 안에 화장실이 없었기 때문에,

우아하게 차려 입은 귀부인들의 하루는 2층 창문 밖으로 오물을 버리는 것으로 시작되었다. 이처럼 오물을 길거리에 버리는 것이 당연시되어 당시 유럽 도시의 골목은 오물과 심한 악취로 견딜 수 없을 지경이었다. 특히 비라도 오는 날이면 길거리는 오물과 함께 진흙탕이되기 일쑤였다.

과거 수많은 목숨을 앗아갔던 콜레라와 장티푸스 같은 전염병이사라진 것은 하수도가 설치되고 깨끗한 수돗물이 공급된 후부터였다. 하수도를 설치하기 시작한 산업혁명 이전만 해도 인간의 평균수명은 30~40세에 불과했다. 불결한 환경으로 인해 옮겨지는 콜레라 같은 수인성 전염병 때문이었다. 하수도가 항생제나 백신보다 더 뛰어난 의학적 효과를 발휘했다고는 하지만, 지금의 하수도 시스템에도 서서히문제점이 드러나고 있다. 먼저 하수 발생량이 증가했다는 점이다.

하수와 오물을 거주 지역으로부터 멀리 갖다버리는 재래식 하수시설 체계로는 오염을 막을 수 없다는 점이다. 그렇게 버려지는 하수와오물의 양이 자연정화 능력을 훨씬 뛰어넘었고, 계속해서 오염물질이축적되어 전 지구적인 환경오염을 부추기고 있는 중이다.

그렇기 때문에 미래에는 지속 가능하고 좀 더 창의적인 하수도 시스템이 등장할 필요성이 있다. 여기서 지속 가능하다는 의미는 물질의 흐름을 자연스럽게 순환시킨다는 의미이다. 예를 들면 우리나라선조들이 사용했던 '오줌장군' 같은 것이다. 오줌장군에다 소변을 따로 모아서 논밭의 비료로 사용하던 방식은 물질순환형 하수처리 방법의 시초라 할 수 있다.

독일에 있는 뒤셀도르프 시 근처의 한 외딴 마을에 가보면 이와 같은 친환경적인 하수처리 시스템을 볼 수 있다. 여기서는 일상생활에서 나오는 하수를 1차로 정화조에 모은 후 각종 오염물질을 침전시킨다. 정화조를 통과한 물은 다시 자갈을 깐 여과조로 보내져 박테리아가 유기물을 분해하게 한다. 어느 정도 깨끗해진 하수는 갈대밭으로 흘려보내 지고 그곳에서 질소 등의 부영양화 물질이 흡수된다. 그러면 물고기도 살 수 있을 만큼 물이 깨끗해지는데, 그 물로 연못을 만들어 놓은 집들이 많다. 이 마을처럼 주민 수가 얼마 되지 않고 외진 곳에 하수도를 설치할 경우에는 비용이 대단히 많이 들기 때문이다. 비싼 하수관 대신 자연정화 방식을 채택한 덕분에 이 마을의 시냇물은 생활하수로 인한 오염 없이 깨끗한 수질을 유지하고 있다. 이렇게 자연 친화적인 하수처리 방식을 사용하면 식수원인 지하수와 강물까지 깨끗하게 보호할 수 있다.

식수로 사용하는 하수도도 있다. 하수를 정화해 식수로 사용하는 국가 중 가장 유명한 곳은 싱가포르이다. 섬나라인 싱가포르는 수원이 되는 강이 없다. 대신 강수량이 많고 19개의 저수지가 있지만, 400만 명이 넘는 인구가 사용하기에는 부족하다. 이에 싱가포르는 말레이시아에 대한 물 의존도를 낮추고 물 기근을 이겨내기 위해 하수를 식수로 재활용하는 방안을 적극 추진하게 되었다. 2003년 싱가포르 대통령이 직접 정화한 하수를 마시는 장면을 홍보하면서, 각 가정에도 정화된 하수가 식수로 공급되기 시작했다. 정말 대단한 일이다.

○ 물 부족, 또 다른 문제의 시작이라고!

왜 기온이 상승하는데 물이 부족해지는 것일까? 해안가 외에도 전 세계 인구의 상당수는 히말라야나 안데스, 인도의 힌두쿠시 산맥과 같은 산악지대에서 살아간다. 이들 산악지대에서 사는 사람들은 전 세계 인구의 6분의 1 이상이다.

이들이 무슨 물을 마시고 사는지를 상상해보라. 바로 높은 산에 얼어 있는 얼음이 녹으면서 아래로 내려오는 물을 마신다. 그렇다면 온난화로 인해 이들 산의 얼음이 다 녹아 없어져 버린다면 어떻게 될까? 계곡은 비가 오지 않는 한 물이 흐르지 않을 것이다. 따라서 산악 지대의 상당수 사람들은 물 부족을 계속 겪게 된다.

산악 지역만 물 부족으로 시달리는 게 아니다. 기온이 상승하면 물의 온도도 함께 오른다. 약 1.5도 정도만 상승해도 수온이 올라 수질이 나빠질 뿐 아니라 증발량도 늘어난다. 그래서 세계 곳곳에서는 가뭄이 발생할 가능성이 높아지고, 마실 수 있는 물의 양도 줄어들게 된다.

기후변화 정부 간 위원회(IPCC, Intergovernmental Panel on Climate Change) 4차 보고서에 따르면 물 부족을 심하게 겪을 것으로 예상되는 지역이 아프리카이다. 이 지역에서는 2020년경이면 7천5백만~2억 5천만 명의 사람들이 물 부족으로 인한 스트레스를 받을 것이라고 한다. 물 부족 그 하나만도 심각한 일인데, 먹을거리도 걱정해야 할 판이다. 물이 부족해 가뭄이 지속되면 땅이 사막화가 진행된다. 그러면 이들 지역에서는 당연히 곡식을 생산하기가 어렵다. 물론 전 지구가 사막화되는 건 아니다. 일부 지역은 과거보다 더 많은 생산량을 낼 수 있다. 하지만 지구온난화가 장기화되면 해충의 피해가 늘어나면서 식량 생산이 감소할 가능성이 높다.

□ 탄소 거래

　최근 세계금융시장에서는 탄소배출권을 사고파는 탄소시장이 생겼다. 세계은행에 따르면 2007년 탄소시장에서 거래된 돈의 규모는 640억 달러, 우리나랏돈으로 약 83조 원이다.

　성장이 빠른 것을 보면, 앞으로 그 시장이 대단할 것이다. 그렇다면 탄소시장은 왜 이렇게 빠르게 성장하는 것일까? 그리고 탄소시장에서 누가 탄소배출권이라는 것을 사고파는 것일까?

○ 탄소발자국이란?

　탄소발자국은 컴퓨터를 사용하거나, 방에 불을 켜거나, 목욕을 하거나, 버스나 자동차를 타고 학교에 가는 것과 같은 일상적인 활동에서 발생한다. 이것은 '기후발자국'이라 하기도 한다. 도시는 막대한 에너지를 소비한다. 지금까지 해 온 것처럼 에너지를 많이 소비하면서 지구 온난화를 부추기는 길을 계속 걸어가야 할까? 아니면 그런 행동 방식을 바꾸어야 할까? 지구온난화를 막으려면 우리가 배출하는 탄소의 양을 줄여야 한다는 사실은 모두가 잘 알고 있다. 그것은 엄청난 일처럼 보이지만, 모든 사람이 매일 배출하는 탄소의 양을 조금씩만 줄인다면, 그것만 해도 아주 큰 도움이 될 것이다.

○ 교토의정서로 탄생한 탄소시장

　탄소시장의 탄생 배경은 교토의정서 때문이다. 교토의정서에는 지구를 데우는 온실가스가 대기 중으로 방출되는 양을 어느 나라가 얼마나 의무적으로 줄일 것인지에 대한 내용이 담겨 있다. 교토의정서의 의무감축국은 산업혁명을 일으키며, 지난 200여 년 동안 대기 중으로 이산화탄소를 비롯해 온실가스를 막대하게 배출해 온 유럽 국가들과 미국, 일본과 같은 선진 38개국이다. 이들 나라는 나라마다 차이가 있긴 하지만, 1990년 배출량 대비 평균 5.2퍼센트 이상으로 온실가스 배출량을 맞추어야 한다.

이 같은 내용의 교토의정서가 실제로 적용되기 시작한 것은 2008년부터이다. 우여곡절 끝에 결국 미국을 빼고 나머지 의무감축국들은 2012년까지 5년 동안 교토의정서에 제시된 온실가스의 배출량 상한치를 맞추기 위해 온실가스 배출량 감축에 들어갔다. 이를 위해 우선 각 나라의 정부는 자국에 부과된 온실가스 배출 상한치를 자국 내 기업들에 할당해주었다. 그래서 2008년부터 선진국가의 기업들은 온실가스 배출 상한치라는 규정을 이행해야 한다. 만약 상한치를 지키지 못할 경우, 기업은 부족한 탄소배출권을 돈을 주고 사야 한다. 교토의정서에 미국 정부는 서명하지 않았지만, 160개국이 서명하였다.

그렇다면 기업들은 어떻게 온실가스를 줄일 수 있을까? 기업들은 온실가스가 공장 굴뚝으로부터 새어나가지 않게 온실가스를 수거하는 기술을 도입할 수 있다. 또는 물건을 생산하는 과정에서 온실가스를 줄이는 기술이나 장비를 들여올 수 있다. 예를 들어 기존의 장비와 기술을 에너지 효율을 높여 주는 장비나 기술로 바꾸어 에너지 소비를 줄임으로써 온실가스 배출량을 줄이는 것이다.

이렇게 해서 어떤 기업은 온실가스 배출 상한치를 지킬 수 있었다고 한다. 하지만 그렇지 못하는 기업들도 생겨날 수 있다. 회사의 공정 자체가 온실가스를 줄이기가 너무 힘들거나 온실가스를 줄이는데 드는 비용이 너무 커 온실가스 배출 상한치를 지키려고 하면 기업이 망하는 수도 있다. 온실가스 배출 상한치를 잘 지킨 기업과 그렇지 않은 기업을 어떻게 해야 할까? 못 지킨 기업은 망하도록 해야 할까? 그렇게 된다면 기업들이 가만히 있지 않을 것이다. 게다가 목표치보다 더 많이 온실가스를 줄인 기업의 경우 더 잘했다고 해서 얻게 되는 이득도 없다.

이런 일이 벌어졌을 때 잘한 기업에는 혜택을 주고, 못한 기업에 불이익을 주는 방법은 없을까? 교토의정서는 재미있는 방법으로 이 문제를 풀었다. 바로 시장원리를 도입했다. 온실가스 배출 상한치보다 적게 배출한 기업은 남아도는 온실가스를 탄소배출권이란 이름으로 팔 수 있다. 그리고 온실가스 배출량을 줄이지 못한 기업은 탄소배출권을 사들여 상한치를 초과한 부분을 채울 수 있다. 그렇게 되면 어떤 기업의 경우에는 자신들이 직접 온실가스를 줄이는 것보다 적은 비용으로 다른 기업에서 남아도는 온실가스를 사들이는 게 더 이득일 수도 있다. 이렇게 해서 기업의 지출과 수입에 온실가스를 사들이거나 팔았다는 항목이 생겨나게 된 것이다.

그렇다면 어디에서 탄소배출권이 거래되는 것일까? 현재 세계적으로 유럽연합 내 7개 등 총 10여 개의 탄소배출권거래소가 운영되고 있다. 이 가운데에서 가장 규모가 큰 것이 영국 런던에 있는 유럽기후거래소(ECX, European Climate Exchange)이다. 유럽기후거래소의 경우 회원사가 15,000개나 된다. 2007년 유럽연합에 할당된 온실가스의 30퍼센트가 이곳에서 거래되었다. 2008년 12월 유럽기후거래소에서 거래되는 이산화탄소 1톤당 가격은 15~20유로 사이다. 그러니까 우리나랏돈으로 약 3만 원 정도다. 이 정도면 환경오염을 줄이는 대가로 싼 편일까, 비싼 편일까?

○ 탄소배출권을 사고팔다

시장에서 값은 수요와 공급의 원리에 따라 매겨진다. 즉 사고자 하는 이들이 많고 파는 이들이 적으면 값은 오르고 그 반대이면 값은 떨어진다. 그렇다면 탄소시장에서 온실가스를 상한치보다 더 많이 배출하는 기업이 더 많을까? 아니면 더 적게 배출하는 기업이 더 많을까? 온실가스를 간단히 줄일 수 있다면 아마도 탄소배출권을 갖는 기업이 더 많을 것이다.

하지만 실제로는 그렇지 않다. 만약 그렇다면 우리가 미래의 기후변화에 이렇게 떨고 있을 까닭이 없다. 기업들이 자기네 사업에서 직접 온실가스를 줄이기란 쉬운 일이 아니다. 따라서 탄소배출권을 사고자 하는 기업은 넘쳐나는데 파는 기업이 별로 없으면 탄소배출권의 값은 천정부지로 치솟게 되는 것이다. 수요와 공급의 시장원리에 따라서 나타난다.

그런데 유럽기후거래소에서 거래되는 탄소배출권의 값은 1톤당 약 3만 원. 탄소배출권을 사고자 하는 기업이 더 많은 것에 비해 탄소배출권의 값은 싼 편이라고 할 수 있다. 어떻게 이럴 수 있을까? 사실 사고자 하는 이들은 너무 많은데 파는 이들이 너무 적으면 시장이 제대로 굴러가기 힘들다. 이런 점을 생각한 세계 정상들은 교토의정서에 재미있는 제도를 하나 집어넣었다. 그것은 바로 청정개발체제(CDM, Clean Development Mechanism)라는 것이다.

선진국의 기업은 중국이나 인도와 같은 나라에 화력발전소 대신 풍력발전소나 태양력발전소를 세우는 데 투자하는 것이다. 그러면 화력발전소가 세워졌을 경우에 배출되었을 온실가스를 줄인 것으로 인정을 받는다. 이렇게 해서 기업은 탄소배출권을 얻을 수 있는 것이다.

탄소배출권으로 기업은 자기네 기업의 온실가스 배출 상한치를 맞추거나, 그렇게 해도 남는 경우 탄소시장에 내다 팔 수 있다.

탄소시장은 과연 온실가스 배출을 줄여줌으로써 기후변화를 늦추거나 완화시키는 역할을 할 수 있을까? 가장 좋은 해결 방안은 세계의 모든 나라가 온실가스 배출 상한치를 갖고 의무적으로 지키도록 하는 것이다. 아직은 아니더라도 앞으로는 그렇게 될 전망이다. 교토의정서 1차 공약기간이 끝나는 2013년이 되면, 온실가스를 의무적으로 감축해야 하는 나라가 현재의 일부 선진국만이 아니라 우리나라를 포함해 세계 여러 나라로 확대될 전망이다. 그렇게 되면 자기 나라 온실가스 배출 상한치를 맞추느라 남의 나라 것까지 짊어지기는 힘들어질 것이다.

□ 새로운 에너지

○ 대체에너지

브라질에서는 사탕수수에서 알코올을 뽑아내 자동차 연료로 쓴다. 바람의 힘을 이용한 풍력발전, 밀물과 썰물의 차이를 이용한 조력발전, 태양열을 이용한 태양열발전, 땅속의 높은 온도를 이용한 지열발전 등이 있다. 그런데 이들은 석유나 석탄처럼 한데 모여 있지 않다. 필요할 때는 미리 다른 곳에 저장해 두어야 한다.

○ 스마트 그리드, 똑똑한 전기

현재의 전력 시스템에 대해서 알아보면, 우리가 사용하는 전기는 실제 사용량보다 10% 정도 많이 생산하도록 설계되어 있다. 이는 전력

의 최대소비량에 맞
춰진 양으로, 혹시
라도 더 많이 사용
할 경우에 대비해
전기를 미리 확보해
놓은 것이다. 연료
는 물론 각종 발전
설비도 추가적으로

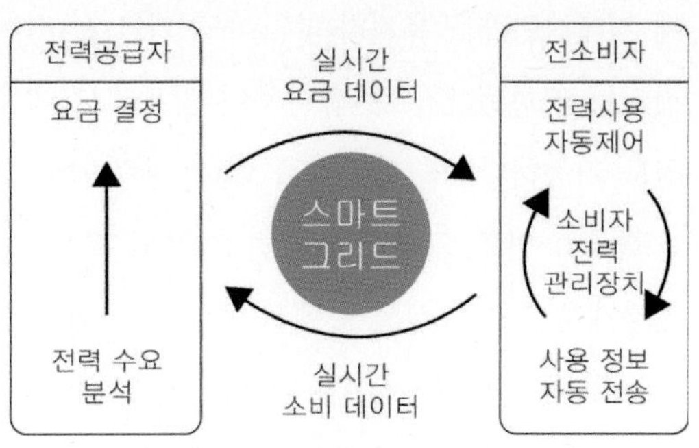

〈그림 15〉 스마트 그리드의 시스템

필요하고, 버리는 전기 또한 많아 에너지 효율이 떨어진다. 또 석탄, 석유, 가스 등을 태우는 과정에서 이산화탄소 배출도 늘어난다.

꼭 필요한 만큼 전기를 생산하거나 생산량에 맞춰 전기를 사용할 수 있다면 전기를 더 효율적으로 사용하면서 지구온난화도 막을 수 있다. 이것이 바로 전력망에 IT기술을 융합해 전기사용량과 공급량, 전력선의 상태까지 알 수 있는 스마트 그리드가 주목받는 이유이다. 이미 미국 경제주간지 비즈니스 2.0은 지구온난화로 인한 기상이변 및 환경오염으로부터 인간을 구할 영웅 중 하나로 스마트 그리드를 소개한 바 있다.

글자 그대로 해석하면 똑똑한 전력망인 스마트 그리드의 핵심은 전력망에 IT기술을 합쳐 소비자와 전력회사가 실시간으로 정보를 주고받는 것이다. 이 시스템을 이용하면 소비자는 전기요금이 쌀 때 전기를 쓸 수 있고, 전자제품이 자동으로 전기요금이 싼 시간대에 작동하게 하는 것도 가능하다.

전력생산자 입장에서는 전력 사용 현황을 실시간으로 파악하기 때문에 전력공급량을 탄력적으로 조절할 수 있다. 전력 사용이 적은 시간대에 최대전력량을 유지하지 않아도 되므로 버리는 전기를 줄일 수 있고, 전기를 저장했다가 전력 사용이 많은 시간대에 공급하는 탄력적인 운영도 가능하다. 또 과부하로 인한 전력망의 고장도 예방할 수 있다.

결국 스마트 그리드는 일반 가정에서 사용하는 TV, 냉장고와 같은 전자제품뿐 아니라 공장에서 돌아가는 산업용 장비들까지 전기가 흐르는 모든 것을 묶어 효율적으로 관리하는 신개념 시스템이다. 집, 사무실, 공장 어느 곳에서나 사용한 전기요금을 실시간으로 확인할 수 있고, 전기요금이 비싼 낮 시간대를 피해 세탁기를 밤에 돌리는 등 가전제품을 선별해 사용하는 것이 가능하다. 스마트 그리드와 관련된 신문 기사를 읽으면 쉽게 이해할 수 있다.

‘똑똑한’ 전기, 스마트그리드로 하루를 시작하다! −박춘의 글에서

2015년 어느 날 아침, 잠이 깬 김씨는 식사하러 부엌에 가니 밥은 이미 지어져 있고 커피도 내려져 있다. 밥솥, 커피메이커는 수요 공급에 따라 5분 간격으로 바뀌는 요금 중에서 가장 싼 시간대의 전력을 이용해 가동한다. 출근길에 나선 김씨는 요금이 저렴한 야간시간대를 이용하여 충전해 놓은 집 앞 전기자동차 플러그를 뽑고 시동을 건다. 낮이 되자 사무실 실내온도가 높아져 에어컨을 켜야 하지만 낮 12시~오후 4시는 전기요금이 가장 비싼 시간대이다. 전력거래소가 제공하는 실시간 전력가격정보에 따라 실내온도를 조절할 수 있도록 사무실 냉방기를 자동운전한다. 사무실 온도를 약간 올리면 전력거래소에 자료가 전송돼 환경 관련 세제를 감면받고 탄소배출권을 인정받아 일거양득이다. 전력망은 양방향 전력전송과 고장 시 자동복구 가능하고, 각종 첨단 가전기기와 통신하면서 전력수요를 제어하는 수준까지 지능화된다. 얼마 후 우리 생활 속에 전개될 ‘똑똑한 전기, 스마트그리드’ 시대는 꼭 현실이 될 것이다.

○ 차세대 교통수단

대체에너지 차량은 석유와 배터리를 동시에 모두 사용하는 하이브리드 자동차가 이미 상용화돼 대중에게 판매되고 있다. 그러나 세계 자동차 업계 전문가들은 하이브리드 자동차보다는 연료전기차라 말한다. 또한 지능형 자동차 개발로 유비쿼터스를 활용해 제2의 생활공간으로 차지하고 있다.

❀ 하이브리드, 친환경 자동차

이산화탄소 발생의 증가는 자동차가 내뿜는 탄소가 주원인 중에 하나이다. 세계 온실가스 배출량 중에 운송 부분의 배출량이 전체 3위를 차지하는데 이 대부분이 자동차에서 배출된다. 석유에너지는 점점 고갈되고 있으며 경제에도 부담이 되기 때문에 하이브리드 자동차든 전기자동차, 아니면 수소자동차 같은 대체 가능한 어떤 것이든 자동차의 미래는 친환경 자동차일 수밖에 없다.

아직은 완벽하지는 않지만 많은 종류의 환경친화적인 자동차들이 시장에 출시되어 있다. 실현 가능한 상상력과 창조성이 듬뿍 담긴 디자인의 에코자동차를 말한다.

〈그림 16〉 하이브리드 자동차

‘진화, 바퀴 위의 녹색 혁명’이라는 주제로 자연과 함께 달리는 자동차 이미지로 자동차 바퀴 위에 얹어진 친환경 기술을 자연과 인간이 함께 생각하는 녹색혁명에 주목하고 있다. 퀴퀴한 매연이 사라질 것이다. 친환경 자동차는 하이브리드, 전기, 수소, 태양전지 자동차로 대기오염원이 발생되지 않는다.

❀ 전기 자동차

일반 자동차가 화석 원료를 사용하는 내연기관의 힘으로 주행하는 데 비해 전기 자동차는 전력으로 모터를 돌려 주행하는 자동차이다. 외부로부터 전력을 공급받아 달리는 자동차, 차에서 직접 전력을 만들어 달리는 자동차, 배터리에 모아 둔 전력으로 달리는 자동차들이 있다.

❀ 연료전지 자동차

연료전지 자동차는 수소와 전기가 동력원인 완전 무공해 차량으로 간접식 연료전지 자동차(메탄올, 가솔린)와 직접식 연료전지 자동차(수소)로 나뉜다. 연료전지의 기본 원리는 전기분해이다. 자동차 내에 장착된 연료전지에서 연료인 수소와 산소를 반응시켜 전기를 얻은 후 생산된 전기로 모터를 움직여 주행하는 자동차이다.

❀ 태양광 자동차

태양광 자동차는 태양전지판을 붙여 전기를 일으켜 모터로 움직이는 자동차이다. 태양전지판은 두 개의 규소판을 사이에 두고 태양광이 규소판을 때려서 전자가 방출되는 원리를 이용하는 것이다. 이러한 태양전지판을 수천 개 직병렬로 연결해서 필요한 전기를 얻은 후 그 전기를 이용하여 모터를 돌려 자동차를 움직이게 하는 것이다.

○ 혁신적인 생활도구

❀ 환경을 생각하는 디자인

환경을 보호하는 일은 이제 사회 모든 영역에서 꼭 해결해야 하는 숙제가 되었다. 디자인도 예외는 아니다. 지금 세계의 많은 기업과 디자이너들은 환경을 살리고 환경에 대한 사람들의 인식을 바꿀 수 있는 디자인을 고민하고 있다. 오랜 기간 사용할 수 있고, 사용한 뒤에도 환경에 해를 끼치지 않도록 처음부터 끝까지 환경을 배려한 디자인이 속속 나타나고 있다. 몇 가지 대표적인 사례를 살펴보자.

물과 소금을 부으면 화학 작용이 일어나 전력이 발생한다. 이렇게 만든 전력으로 움직이는 디지털 시계가 등장하여 큰 화제를 모았다. 전기 에너지가 필요하지 않은 청정 시계인 셈이다. 커피 찌꺼기를 잉크로 이용하는 프린터도 나왔다. 가격이 비싸고 환경오염을 일으키는 기존의 잉크보다 색감이 예쁘다고 한다. 커피 찌꺼기는 주변에서 흔히 구할 수 있는 재료여서 활용도도 높다고 할 수 있다. 한 번 사용한 물을 재사용하는 속옷 전용 세탁기도 나왔다. 부피가 작은 옷만 세탁하므로 크기가 작아 공간을 활용하는 데에도 효율적이다. 아예 쓰레기를 재활용하는 디자인을 시도하는 경우도 있다. 버려진 플라스틱 포크와 재활용한 스텐실로 만든 조명이 그것이다. 얼핏 보면 크리스털처럼 보일 정도로 아름다운 조명이 버려진 물건으로 만들어졌다는 것이 믿기지 않을 정도이다. 디자이너의 창의력이 돋보인다.

태국에는 코끼리 똥으로 만든 종이가 있다고 한다. 소화 기능이 약한 코끼리는 하루에 200~250kg의 식물을 먹고 50kg이 넘는 똥을 눈다. 코끼리의 똥에 남아 있는 섬유질을 가공하여 종이를 만들어 내는 것이다. 코끼리 한 마리의 똥으로 큰 종이를 115장이나 만들어 낼 수 있다고 한다. 제작 과정은 비교적 간단하다. 코끼리 똥을 건조시켜 악취를 제거하고, 건조한 뒤 물로 세척해서 섬유 펄프를 남겨 종이를 만든다. 바나나와 파인애플에서 얻은 천연 섬유와 혼합하면 종이의 강도가 높아진다고 한다.

이런 재활용 디자인은 단순히 물건의 수명을 연장하는 것과는 다르다. 낡고 오래되어 버려질 물건을 그대로 다시 사용하는 것이 아니라, 해체해 새로운 제품으로 변신시키는 창조적인 작업이다. 이런 창조적인 디자이너가 많아질수록 그리고 이들의 손을 통해 과정도 즐겁고 보기에도 좋은 재활용 디자인 제품이 많아질수록 지구는 더욱 건강해질 것이다.

[1] 물 부족 문제를 어떻게 해결할까? 생명을 살리는 휴대용 정수기, '라이프 스트로'와 사막에 물을 주는 '큐드럼'은 과학의 원리와 사람을 생각하는 배려가 만든 물건이다. 이 속에 들어 있는 과학의 원리는 무엇일까?

[2] 제3차 세계대전이 일어난다면, 아마도 '물 전쟁'이 일어날 거라고 한다. 물 전쟁은 어떤 이유로 발생되며, 어떻게 방지할 수 있을까? 대안을 마련해 보자.

[3] 빗물 재활용, 해수담수화, 하수도로 물 전쟁 막으려면 어떤 원리로 가능할까?

[4] 물 전쟁을 막으려면, 정수기가 반드시 필요하다. 정수기의 원리를 설명하고, 정수기를 어떻게 활용한다면 물 전쟁을 막을 수 있을까?

[5] 교토의정서란? 탄소시장의 배경이 교토의정서 때문이다. 교토의정서는 무엇을 위해 만들어졌을까?

[6] 탄소배출권을 사고팔면 온실가스를 줄일 수 있다. 어떤 과정으로 가능한지 알아보자.

[7] 탄소포인트란? 전기·수도·가스 사용량을 줄여 이산화탄소 발생량을 감축하기 위해 제도적으로 '탄소포인트' 캐시백 제도를 만들었다. 어떻게 탄소를 줄여 돈으로 되돌려받을 수 있을까?

[8] 푸드 마일리지, 로컬푸드란?

지구의 환경을 지키기 위한 노력으로 푸드 마일리지, 로컬푸드가 있다.

푸드 마일리지란 음식이 입으로 들어오기까지 다양한 재료들이 먼 거리를 이동하는 과정에서 배출되는 온실가스의 양을 거리로 환산한 것이다.

· 푸드 마일리지 계산법: 거리(㎞)×중량(t)

· 온실가스 배출량 계산법: 거리(㎞)×중량(t)×수송 수단별 이산화탄소 배출 계수

로컬푸드는 장거리 운송을 거치지 않은 지역 내에서 생산된 식재료를 말하는데, 이를 구입함으로써 이산화탄소 발생량을 줄일 수 있다.

그렇다면 푸드 마일리지, 로컬푸드를 활성화하기 위한 방법을 생각해 보자.

[9] 스마트 그리드란 전력 시스템을 효율적으로 관리하기 위한 프로그램이다.
어떤 원리로 사용되는지 설명해 보자.

[10] 지구를 생각하는 대체에너지에는 어떤 것들이 있을까?

[11] 이산화탄소 발생을 줄이는 에코자동차에 관한 관심이 높아지고 있다. 차
세대 환경자동차에는 어떤 것들이 있는지 알아보자.

[12] 환경과 에너지를 생각하는 생활 도구는 어떤 특징들을 가지고 있을까?

더 알아보기

1. 한무영, 『빗물의 비밀』, 리젬(2011)
2. 박문영·신지원·이인숙·최동수, 『아줌마들의 과학수다』, 양문(2012)
3. 한영석, 『처음 읽는 미래과학교과서』, 김영사(2006)
4. 한국과학창의재단 기획, 김수병·박미용·박병상·이성규·이은희, 『지구를 생각한다』, 해나무(2009)
5. 울리히 얀센·울라 슈토이어나겔, 김서정 역, 『어린이 대학』, 주니어랜덤(2003)

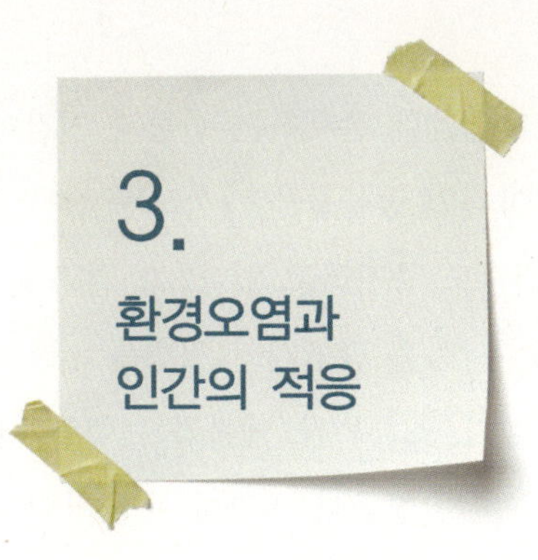

□ 인체는 환경오염에 어떻게 적응할까?

과학기술과 의학의 빠른 발전에도 불구하고, 인류는 여전히 질병 문제로 고통받고 있다. 환경오염은 새로운 질병을 만들어 낸다. 인간은 그런 변화된 환경에 적응하기 위해 많은 노력을 하고 있다. 환경오염 속에서 발생되는 질병을 알아보고, 인간이 적응하기 위해 필요한 노력을 생각해 보자.

○ 어떤 새로운 질병이 유행하게 될까?

산업혁명 이후 근대화가 되면서 환경 변화는 물이나 공기와 같이 당연히 우리 마음대로 사용하리라 생각했던 천연자원을 오염시켜 놓았다.

인류 문명의 발전이 생활 습관의 변화를 가져와 질병을 유발시키게 된 것과 함께 기후변화도 새로운 질병의 유행을 예고하고 있다.

문명화에 의해 지구 상에서 인간들의 분포 지역이 점점 넓어지면서 자연계에 존재하는 동물과 인간이 접촉할 기회가 늘어났다. 원래는 야생인 동물들을 가축으로 집단 사육하면서 가축을 통한 질병 발생건수도 증가하고 있다. 그 결과 동물에게서만 발생하던 질병이 이제는 사람을 감염시켜 질병을 일으키는 인수공통전염병으로 변해가고 있다. 조류독감, 에볼라 출혈열, 에이즈, 브루셀라병, 탄저병 등 수많은 전염병들이 인간과 동물의 접촉에 의해 동물로부터 인간으로 전파된 질병이다.

환경의 변화는 인체의 항상성에 영향을 주어 언제라도 질병을 일으킬 수 있다. 우리의 생활 환경이 변해가고 있는 지금 주변 환경에 잘 적응하지 않으면 언제라도 새로운 질병이 발생할 가능성을 지니고 있다. 즉, 질병 없는 세상을 계획하는 일은 에너지, 물, 기후와 같은 환경을 잘 다스리는 일이 선행되어야 가능할 것이다.

□ 인간이 질병에 어떻게 걸릴까?

환경에 적응하는 것은 미생물이 사람보다 한 수 위다. 지구가 더워지고 땅이 파헤쳐지는 등 생태계가 파괴되면서 새로운 미생물이 나온다. 어떤 질병을 치료할 수 있는 약을 만들면, 그 약을 이겨내는 성질, 즉 내성을 가진 미생물이 나오기도 한다. 하지만 사람은 그렇지 못하다. 우리 몸은 병을 이겨내는 능력이 약해져 낯선 미생물이 들어오면 재빠르게 대처하지 못한다.

○ 감염 질환

감염은 해로운 미생물인 병원체가 몸에 침입하여 체 조직에서 증식
하는 현상이다. 감염 질환을 일으킬 수 있는 유기체로는 바이러스, 세
균, 곰팡이(진균류), 원생동물, 기생충, 비정상 단백질인 프리온이 있다.

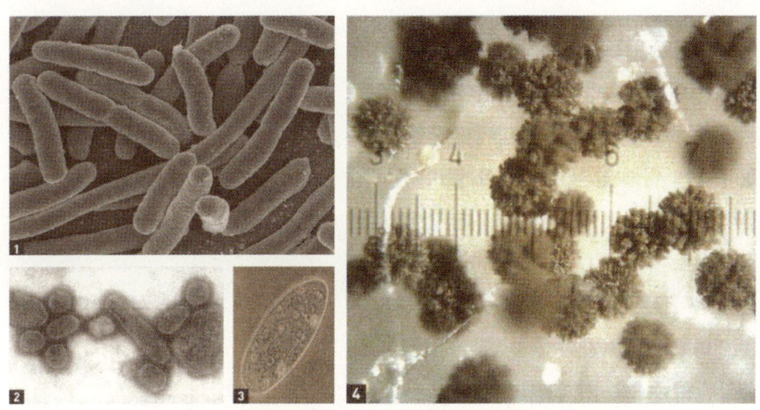

질병을 일으키는 대표적인 병원균으로는 박테리아, 바이러스, 원생생물, 진균 등이 있다. 이들은 각각 생물학적 특징
이 다르기 때문에 구분해서 알아둘 필요가 있다.(1. 세균 2. 바이러스 3. 원생생물 4. 진균)

〈그림 17〉 감염 질환을 일으키는 미생물 종류

○ 감염 경로

몸은 끊임없이 감염에 노출되지만 면역계통이 늘 감염을 극복하려
고 노력하므로, 병원체가 방어벽을 뛰어넘을 때만 질병이 발생한다.
즉 우리 몸은 스스로 질병으로부터 몸을 보호하기 위해 면역체계를
준비해 두고 있다.

감염성 병원체는 인체의 방어 체계가 뚫린 곳이라면 어디로든 들
어온다. 피부를 뚫거나, 피부의 구멍이나 상처로 들어온다. 호흡, 흡수,
섭취 과정에서는 눈, 코, 귀, 소화관, 허파, 생식기 등의 점막으로 들

어온다. 들어온 병원체는 혈류로 확산되거나, 신경으로 전달되거나, 체 조직을 침범한다. 프리온을 제외한 대부분의 병원체는 생물이므로, 면역계통이 그것에 반응하여 쫓아내려고 열, 염증, 점액 분비 같은 증상을 보인다. 병원체의 수와 면역 반응 강도에 따라 질병의 심각도가 다르다. 숙주의 방어체계가 즉시 병원체를 쫓아내거나 숙주가 금세 죽으면 감염이 짧게 지속된다. 그렇지 않으면 만성 감염이 되거나 다른 숙주에게 확산된다.

○ 바이러스 감염

병원성 바이러스는 사마귀나 감기 바이러스처럼 비교적 무해한 것부터 에이즈를 일으키는 HIV처럼 치명적인 것까지 다양하다.

감염성 병원체 중 가장 작은 바이러스는 단백질 껍질에 유전물질이 들어 있는 구조이다. 독자적으로 증식하지 못하고 세포로 침입하여 세포의 복제 장치를 빌려 증식한다. 새 바이러스 입자들은 세포를 죽이면서 뚫고 나가거나 세포 표면에서 싹처럼 돋아 나간 뒤, 다른 세포들을 감염시킨다. 몸의 여러 부분이 동시에 감염되는 전신 감염이 흔하다.

분비샘이 붓고 코가 막히는 등 일부 증상은 부분적으로는 면역계통이 활성화하여 맞서 싸우는 현상이다. 면역반응은 보통 열이 나면서 시작된다. 열은 바이러스 복제에 알맞은 온도보다 체온을 높임으로써 복제를 늦추려는 시도이다. 질병에 대항해 백혈구나 화학물질이 염증 반응을 일으킨다. 바이러스는 모든 장기나 계통에 영향을 미친다. 흔히 발진이 따르지만, 통증은 없다.

○ 세균 감염

세균은 면역계통이 통제할 수 없을 정도로 빠르게 증식하거나 체 조직을 손상시키는 독소를 배출하여 질병을 일으킨다. 세균은 바이러 스보다 훨씬 크고 독자적으로 증식하는 단세포생물이다. 세균은 우리 주변과 인체 내, 피부와 장에 많이 존재한다. 대체로 아무런 해를 끼 치지 않고 공존하며 유용한 것도 많지만, 우리가 화상 같은 상처를 입거나 병에 걸려 면역계통이 약해지면 일부 세균들이 감염된다. 황 색 포도알균은 평소 우리 피부에 살지만, 면역이 약화되면 그 때문에 종기가 난다.

병원성 세균이 인체로 침입해 혈류, 체액, 조직에 퍼져 질병이 생 길 수 있다. 증상은 부위에 따라 다양하다. 통증, 열, 목 앓이, 구토나 설사, 염증, 고름 등이 있다. 바이러스에 감염되면 염증 조직에서 세 균이 쉽게 증식한다. 항생제로 많은 감염이 치료되지만, 내성을 진화 시킨 세균도 있다. 대표적으로 슈퍼 박테리아를 들 수 있다. 환경오염 으로 내성이 더 강해진 세균이 계속 나타나고 있는 것이다.

○ 예방접종으로 감염을 막는다

원래 인체는 어떤 감염을 극복한 뒤에야 그 감염에 대한 면역을 발 달시킨다. 하지만 예방접종을 하면 질병에 노출되지 않고도 면역을 발달시킬 수 있다. 예방접종은 대개 백신접종이다. 질병을 유발하는 병 원체의 약화 형태나 죽은 백신을 주입하여 면역계통으로 하여금 병 원체를 공격하게 하는 것이다. 혹은 다른 사람이나 동물에서 얻은 항 체를 주입한다.

□ 지구온난화가 일으키는 질병들

지구의 기온 상승은 그 자체가 직접적으로 인간에게 해를 끼칠 수 있다. 기온의 상승은 해수면 상승, 해일, 쓰나미, 가뭄, 기습적인 폭우, 허리케인과 돌풍의 발생 등 기상이변을 일으킨다. 그리고 거대한 자연의 힘 앞에서 인간의 힘은 하잘것없기에 이런 기상이변은 커다란 대참사를 불러일으키곤 한다.

특히 폭우나 해일 같은 기상이변이 지나가고 난 뒤에는 엄청난 양의 물이 남기 마련이고, 물과 더운 날씨가 만나면 순식간에 미생물들이 번식하게 된다. 이 때문에 기상이변이 지나간 자리에 수인성 질병의 대규모 유행이 나타난다.

또한 기온의 상승은 변온동물인 곤충의 섭생에도 영향을 미친다. 곤충은 변온동물이기 때문에 추운 겨울에는 활동하지 못하지만, 지구온난화로 인해 겨울이 짧아지고 온난화 지역이 넓어지면 그만큼 곤충의 활동 범위와 시기가 넓어진다. 곤충 중에는 인간에게 이로운 익충들도 많지만, 모기, 벼룩, 파리, 이 등 전염병을 옮기는 해충들도 많다. 이런 해충들의 활동 시기와 범위가 넓어지는 것은 그만큼 이들이 옮기는 질병이 발생하는 지역과 시기가 넓어진다는 것을 뜻한다.

이처럼 지구온난화는 인류를 위협하는 많은 질병들의 원인이 된다. 게다가 지구온난화의 원인이 되는 이산화탄소는 화석연료를 사용할 때 많이 발생되는데, 화석연료를 태울 때 발생하는 아황산가스나 질소산화물 등은 대기오염을 일으켜 호흡기 질환의 발생 비율도 높인다. 즉 지구온난화 자체가 호흡기 질환과 직접적인 관련이 있는 것은 아니지만, 지구온난화를 불러일으킨 원인이 대기오염의 원인과 겹치면서 간접적인 영향을 미치고 있는 것이다.

○ 따뜻한 물, 늘어나는 세균들

지구온난화로 겨울에 식중독으로 고생하는 사람들이 점점 늘어나고 있다. 식중독의 원인 중 상당수가 세균이나 바이러스, 기생충 등의 미생물이기 때문에 식중독은 이들이 번식하기 쉬운 더운 계절에 집중적으로 일어나고, 겨울철에는 드물게 발생한다. 그런데 최근에는 변화가 생기고 있다.

겨울철 식중독의 원인으로 세균류보다는 바이러스 일종인 노로 바이러스가 많아졌다. 노로 바이러스는 사람에게 감염성 위장염을 일으킨다. 보통 노로 바이러스에 감염되면, 이를 섭취한 지 24~48시간 후에 구역질, 설사, 복통, 구토 등을 수반하는 장염 증세가 지속된 후 사라진다. 증세가 저절로 사라진다고 하지만, 이는 보통 성인들의 경우이고, 면역력이 약한 어린아이나 노인의 경우 심한 설사나 구토로 인해 탈수 증세를 일으킬 수 있어 결코 가볍게 보아서는 안 된다.

겨울철의 기온이 상승함과 동시에 식중독으로 인해 고생하는 사람들이 늘어났다는 사실은 새삼 지구온난화가 다각적으로 우리의 건강에 위협을 가하고 있다는 사실을 깨닫게 한다.

○ 대기오염과 호흡기 질환

20세기 이전의 호흡기 질환은 주로 세균이나 바이러스에 의한 전염성 질환이었다. 그러나 현대 호흡기 질환의 원인은 탁하고 더러워진 공기, 그 자체에 있다.

예전부터 화산 폭발이나 모래바람 등으로 인해 자연적으로 대기 중 먼지나 화산재 등이 발생하는 경우가 있다. 하지만 근래에는 수많은 공장의 가동과 자동차 운행, 연료 소비 증가 등으로 인해 나타난 인위적인 대기 오염이 문제가 되고 있다.

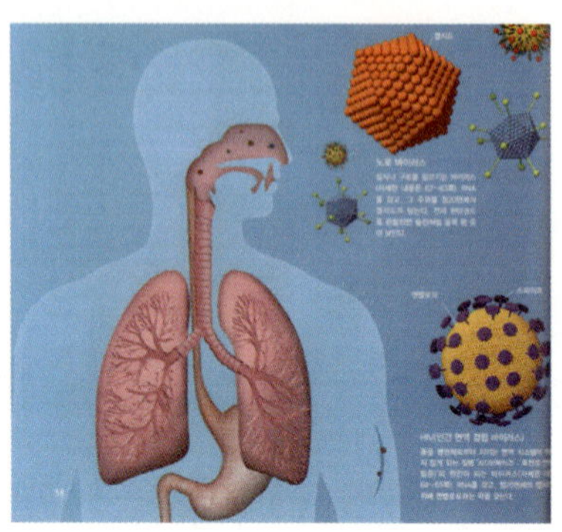

〈그림 18〉 호흡기 질환 발생 경로

가장 먼저 대기오염은 산성비를 불러온다. 산성비는 산성도, 즉 pH가 5.5 이하인 빗물을 말한다. 대기 중에 존재하는 이산화탄소는 빗물과 반응해 약산인 탄산이 되기 때문이다. 하지만 최근에는 대기 중에 질소산화물과 황산화물이 늘어나고 있다. 자동차의 배기가스 때문이다. 질산과 황산은 탄산에 비해 산성에 강하기 때문에 이들이 섞인 빗물은 pH가 5.5 이하인 산성비가 되어 내린다. 산성비는 생물과 건물에 악영향을 미친다. 가장 먼저 수중 생태계를 파괴한다. 물고기나 물속에서 사는 플랑크톤을 둘러싼 환경이 극심하게 나빠지게 된다.

두 번째로 대기오염 물질은 오존층의 파괴를 가져온다. 오존층은 태양에서 오는 자외선을 막아주는 일종의 선크림 역할을 하기에, 오존층이 파괴되면 그만큼 지표면 위에 도달하는 자외선의 양이 늘어난다. 자외선에 의해 영향을 받는 세포는 세균만이 아니다. 인간과 동물의 세포 역시 자외선에 의해 손상을 입게 된다. 특히 사람의 경우, 털이 적고 피부가 그대로 노출되기 때문에 자외선의 영향을 더 심하게 받으며, 반복된 자외선 노출은 세포의 돌연변이를 일으켜 피부암을 일으키는 원인이 되기도 한다.

이처럼 대기오염은 그 자체가 호흡기와 눈 등을 직접 자극해 질환을 유발시킨다. 특히 건축단열재로 많이 쓰였던 석면의 경우 오래되면 부식되어 가루가 날려 공기를 오염시키는데, 이 석면 분진은 폐암을 일으킬 수 있다. 이 밖에도 대기 중에 포함된 다양한 대기오염 물질은 알레르기성 비염이나 피부염을 유발시킬 수 있으며, 간접적으로는 신체의 전반적인 면역력을 떨어뜨려 여러 가지 질환에 취약하게 만들기도 한다.

대기오염은 다양한 경로를 통해 생태계를 파괴하고 인간의 건강을 위협한다. 자신이 숨 쉬며 살아갈 대기를 더럽혀 스스로의 숨통을 조이는 어리석은 짓을, 인간은 이제 그만 두어야 한다.

○ 수질오염, 물이 병들면 인간도 병든다

수질오염이란 물이 가진 자정작용을 초과하여 오염물질이 배출된 경우를 말한다. 물은 모든 생명의 근원이다. 생명체를 구성하는 데 있어 가장 많은 비중을 차지하기도 한다. 따라서 물이 오염되는 것은 단지 수질이 나빠진다는 의미를 넘어서 생명체와 인간의 생존 자체가 위협받게 됨을 의미한다. 수질오염을 일으키는 주범은 역시 인간이다. 인간이 생활하면서 쏟아내는 생활하수, 처리되지 않은 분뇨, 가축을 기르는 축사에서 흘러나오는 축산 폐수, 공장과 산업현장에서 발생하는 산업 폐수, 그리고 인간이 만들어낸 농약 및 각종 독성화학물질들이 바로 물을 오염시키는 주원인이다.

수질오염은 두 가지로 나타난다. 하나는 물에 지나친 영양분이 투입되어 일어나는 일종의 '부영양화' 현상이다. 생활하수, 분뇨, 축산 하수 등 유기물을 함유한 오수가 하천으로 유입되는 경우에 나타나는 현상이다. 두 번째는 각종 독성 오염물질로 인해 물이 오염되어 동식물이나 사람에게 해를 주는 현상이다. 특히 공장 폐수에는 납이나 수은, 카드뮴, 크롬 등의 중금속이 섞여 있는 경우가 많은데, 이러한 중금속들은 물속에서 분해되거나 변질되지 않고 그대로 남아 먹이연쇄를 통해 생물체에 축적되어 문제를 일으키게 된다.

○ 환경의 습격, 환경호르몬

인체는 각종 호르몬의 미묘한 조화에 의해 유지된다. 예를 들면 혈당을 낮추는 작용을 하는 인슐린과 혈당을 높이는 작용을 하는 글루카곤의 조절에 의해 혈당은 항상 일정한 수준으로 유지된다. 만약 호르몬의 균형이 깨지면 당뇨병이나 저혈당증 같은 신체적 이상이 나타난다. 혈당 조절뿐 아니라 체온 조절, 삼투압 조절, 호흡 조절, 세포주기 조절, 성적 성숙과 발달, 성장과 노화 등 인체의 모든 활동에서 적절한 호르몬의 조절은 필수적이다. 내분비계 장애물질이란 체내에 들어왔을 때 마치 호르몬처럼 작용하거나, 호르몬의 작용을 방해하여 생물체의 항상성을 깨뜨리고 건강에 해를 주는 물질이다.

내분비계 장애물질은 어떤 경로를 통해 인간에게 위협을 줄까?

먼저, 내분비계 장애물질은 인체의 호르몬과 유사한 작용을 통해 호르몬의 기능을 증폭시켜 이상을 나타낸다. 생식기 기형이나 자궁암과 같은 여성형 암을 일으키는 원인이 되기도 한다.

두 번째는 인체 내 호르몬의 작용을 방해하기도 한다. 수컷 악어들이 암컷화되기도 한다. 현재 환경호르몬으로 지목된 물질은 다이옥신, 폴리염화비페닐(PCB), 살충제인 DDT, 유기염소계 농약, 중금속, 비스페놀A 등이 있다. 이러한 물질들이 일단 체내에 들어오면 체내의 호르몬 균형을 깨뜨리고 건강에 해를 입히게 된다.

내분비계 장애물질은 다양한 방법으로 오랜 시간을 통해 인체에 악영향을 미친다. 특히 태아나 유아의 경우, 신체 조직이 활발히 성장하고 구성되는 시기여서 약간의 호르몬 불균형만으로도 커다란 장애를 입을 수 있기 때문에, 내분비계 장애물질의 엄격한 통제는 매우 중요하다.

□ 새로운 질병 극복을 위한 인간의 노력

○ 내 몸 안의 파수꾼, 면역성을 높이자!

우리 몸의 원천적 방어체계로, 일상 속에서 본래 가진 면역력을 키우고 잘 보전하여 질병 없고 건강한 삶을 살 수 있도록 돕고 있는 면역의 힘은 정말 중요하다. 이 방어체계를 튼튼히 구축하는 일이야말로 질병의 시작을 막는 가장 좋은 방법이다. 특히 지구온난화로 따뜻해진 온도는 면역성을 떨어뜨리기에 충분하다.

유해한 환경, 외부에서 들어온 병균에 저항하는 힘은 식사, 운동, 수면, 긍정적인 사고 등으로 높일 수 있다. 즉 규칙적인 일상생활이 중요하다는 것이다.

○ 디지털 히포크라테스, 세상은 새로운 인간의 적응세계!

이제, 병원에 있지 않아도 의사가 항상 옆에 붙어 있지 않아도 신체의 이상을 정확하게 알아낼 수 있다. 이러한 역할을 '헬스케어'가 담당할 것이다. 이는 신체의 건강에 관련된 정보를 각종 센서를 통하여 실시간으로 모니터링하고 그 결과를 각자의 개인 서버를 통해 인터넷으로 전송하여 가족 또는 의사가 관리할 수 있도록 해주는 개인

의료시스템을 말한다.

U-health는 의료 기술과 IT 기술이 융합하여 원격으로 인간의 건강을 진단하는 기술이다. 그 과정을 보면 단말기는 인체에서 질병에 관련되는 의료 데이터를 측정한다. 이 자료를 통신으로 원격지의 의료 서버에 전송한다. 의료 서버는 진단 프로그램으로 자료를 분석한 후 담당 의사에게 전송한다. 의사는 자료를 보고 판단하거나, 필요하면 환자와 원격으로 문진한 후 판단한다. 문진 후 필요하면 병원에서 정밀진단을 받게 된다. 과학기술의 발달로 환경오염에 의해 늘어나고 있는 질병에 대한 진료가 더 신속하고 정확하게 이루어질 것이다.

[1] 질병은 어떤 경로로 인체로 감염되나요? 감염질환으로 바이러스, 세균, 곰팡이, 원생동물, 기생충, 비정상 단백질 프리온이 원인이 된다. 그렇다면 이런 병원체가 어떤 과정으로 질병을 일으킬까?

[2] 바이러스 감염과 세균 감염으로 질병이 발생되기 전, 인체 내에서 또는 인위적으로 병원체의 공격에 대한 면역성을 높인다. 어떤 방법으로 인체를 보호할까?

[3] 지구온난화가 일으키는 질병들은 어떤 기후 변화가 원인이 되며 어떤 종류들이 있는가?

[4] 따뜻한 물은 세균들의 번식을 늘린다. 예를 들어 최근 겨울에 발생률이 높아지고 있는 질병인 식중독이 있다. 어떤 이유로 건강을 위협하게 된 것일까?

[5] 대기오염으로 산성비가 내리고 오존층이 파괴된다. 그런데 이것이 원인이
되어 호흡기, 눈 등이 손상을 받게 된다. 대기오염으로 어떤 질환이 발생되는지
알아보자.

[6] 수질오염이 일으키는 질병은 다른 오염에 비해 인체에 직접적인 영향을 준
다. 이는 우리 몸의 **70%**가 물로 구성되어 있기 때문이다. 실제 어떤 사례에서
찾아볼 수 있을까?

[7] 환경호르몬은 체내에 들어왔을 때 호르몬처럼 작용하거나 호르몬의 작용
을 방해하여 생물체의 항상성을 깨뜨린다. 이를 내분비계 장애물질이라 하는
데, 이런 물질에는 어떤 것들이 있을까? 그리고 안전하려면 어떤 노력을 해야
하는지 생각해 보자.

[8] 면역력을 향상시키기 위해서는 어떤 활동들을 하여야 할까?

[9] 과학기술, 즉 IT정보기술은 새로운 의료기술을 만들었다. 환경오염으로 발생된 질병을 '헬스케어' 시스템으로 진료를 한다. 첨단 과학 기술은 의사 대신 진단, 평가, 치료, 수술 등을 한다. 대중과 함께 생활하는 공간이 많아지므로 확산 속도를 줄이기 위해서는 빠르고 정확한 의료 활동이 중요하다. 그렇다면 환경오염으로 발생된 질환들을 어떻게 치료해야 할까?

[10] 환경을 생각하는 인간의 적응은 치료보다 예방이 더 중요하다. 환경을 개선하여 사람이 살아가기에 좋은 환경을 마련하기 위해 노력해야 한다. 건강한 삶을 살기 위해서 지구는 어떤 환경이 되어야 한다고 생각하는가?

1. 이은희,『하리하리의 몸 이야기』해나무(2011)
2. 시민환경연구소 환경보건위원회 편,『환경이 아프면 몸도 아프다!』나남신
   서(2004)
3. KBS <과학카페>제작팀,『KBS 과학다큐멘터리 과학카페』예담(2011)
4. 김윤선,『면역력 내 몸을 살린다』모아북스(2009)
5. 문명식·주선희,『푸른별의 환경파수꾼』푸른나무(2007)

그린피스 www.greenpeace.org
언제나 활발한 활동으로 세계인의 주목을 받고 있는 대표적인 국제 환경 단체.
특히 대체 에너지 전환 운동에 열심이다.

세계인구재단 www.dsw-online.de
독일 하노버에 본부를 둔 비정부 기구. 아프리카와 아시아의 가족계획 및 계몽
프로젝트를 후원하고, 에이즈 감염과 원치 않는 임신을 예방하는 활동에 적극
참여하고 있다.

세계보건기구(WHO) www.who.int
건강 분야에서 각 부문의 표준을 연구하는 기구. 예를 들어 신생아에게 필요한
모유 수유 기간과 예방 접종의 종류를 정한다. 그와 함께 조유인플루엔자나 사
스 같은 전염병을 퇴치하는 데 큰 역할을 담당한다.

세계자연보전연맹(IUCN) www.iucn.org
국가 대표자들과 비정부 기구, 학자들로 결성된 단체. 자연보호 단체로서 정기
적으로 '적색 목록'을 작성해서 멸종 위기에 놓인 생물종을 알려준다.

세계야생생물기금(WWF) www.wwwf.de
국제적인 자연보호 단체로 환경 파괴를 막고, 인간과 자연이 조화롭게 공존하
는 지구를 만들려고 노력한다.

세계은행 www.worldbank.org
제2차 세계대전 이후 경제 재건과 발전을 재정적으로 뒷받침하기 위해 1944년
에 설립된 '브레턴우즈'기구 중 하나이다. 주로 개발도상국들의 발전에 관심을
보이고, 거기서 진행되는 프로젝트를 재정적으로 지원하며, 개발도상국 정부를
후원하고 자문한다. 새로운 발전 전략을 위한 '싱크탱크'역할을 하기도 한다.

식량농업기구(FAO) www.fao.org

이탈리아 로마에 본부를 둔 유엔 산하 기구로, 세계인들의 영양 상태를 관찰하고 개선하는 기능을 담당한다. 굶주리는 사람이 얼마나 되는지, 그들에게 식량을 공급하기 위한 방법은 무엇인지를 조사해 정기적으로 발표한다.

유엔 www.un.org

제2차 세계대전 이후에 설립되어 그동안 191개 회원국이 가입했다. 세계정부는 아니지만 세계의 주요 문제들을 공동으로 평화롭게 해결하는 임무를 수행하고 있다. 유엔산하에는 유엔인구기금(UNFPA), 유엔개발계획(UNDP)처럼 하나의 문제에 전문적으로 종사하는 수많은 독립 기관과 특별 기구들이 있다.

유엔기후변화협약(UNFCCC) www.unfccc.int

1995년에 설립되어 기후 협약을 담당한다. 이 사무국의 주최로 이산화탄소 배출감소를 논의하는 회의가 정기적으로 열린다. 독일 본에 본부가 있다.

유엔환경계획(UNEP) www.unep.org

케냐의 수도 나이로비에 본부를 둔 단체로, 1972년에 설립되어 환경과 개발 문제를 담당하고 있다. 유엔 산하 기구로 편입되어 환경 문제에 대한 학문적 연구와 정보로 주목을 받고 있다.

Ⅲ 숫자와 경제

강순심

과학기술의 급속한 발전에 따라 사회·경제적인 환경도 많은 변화를 가져왔다. 우리의 청소년들이 빠르게 변화하고 대량으로 쏟아지는 정보 속에서 자신에게 필요한 올바른 정보를 찾기란 쉬운 일이 아닐 것이다. 어떻게 하면 변화하는 환경과 선택의 문제를 쉽게 해결해 낼 수 있을까? 생활 속에서 찾아볼 수 있는 '숫자와 경제이야기'를 통해 함께 생각하고 나누어보자.

우리가 함께 생각하고 나누어 볼 첫 번째 이야기는 '생활 속에서 찾아보는 수'이다. 생활 속에서 쉽게 접하는 여러 가지 경우의 수와 확률을 알아보고 이것이 언제나 우리들의 선택과 연관되어 있었음을 확인해 보자. 전통 민속놀이인 윷놀이와 '나눔로또 6/45' 복권 발행의 활동을 통하여 수학적 개념을 즐거움과 함께 풀어본다.

두 번째 이야기는 '숫자로 표현하는 생활'이다. 생활 속에서 숫자로 표현되는 생활을 찾아본다. 숫자로 표현되는 세상을 단위와 함께 풀어봄으로써, 숫자에 대한 두려움을 없애고 생활을 보다 구체적이고 효과적으로 표현하는 법을 익히는 데 목적을 둔다. 이 이야기에서는 좀 더 깊이 기업과 사람, 저축과 세금에 대한 내용도 함께 배워보면서 사회 속에서의 숫자를 찾고 경험한다.

세 번째 이야기는 '화폐로 풀어보는 금융·경제 이야기'이다. 화폐를 통하여 사회·문화·경제를 배움으로써, 청소년들에게 돈에 대한 가치와 의미를 되새겨 보고자 한다. 돈에 대한 가치관을 바르게 심어주어 청소년들의 바람직한 소비생활과 경제교육을 목적으로 한다. 이 이야기에서는 환율에 대하여 배우고 프랑스 루브르 박물관을 견학할 계획도 함께 세워본다.

세상은 마치 숫자로 지어진 커다란 집 같아서, 여러분이 이런 세상을 움직이는 사람이 되기 위해서는 숫자를 잘 다루는 연습이 필요하다. 이제 숫자로 생각하고 말하는 힘을 키워보자. 많은 사물들에 가치를 부여하고 가치를 화폐 단위로 나타내 보자. 여러분을 훌륭한 경제인으로 키워 줄 것이다. 사회의 구성원으로서 숫자로 지어진 세상에 적응하고 숫자로 표현된 세상을 폭넓게 이해하여 그 중심에 서게 되기를 바란다.

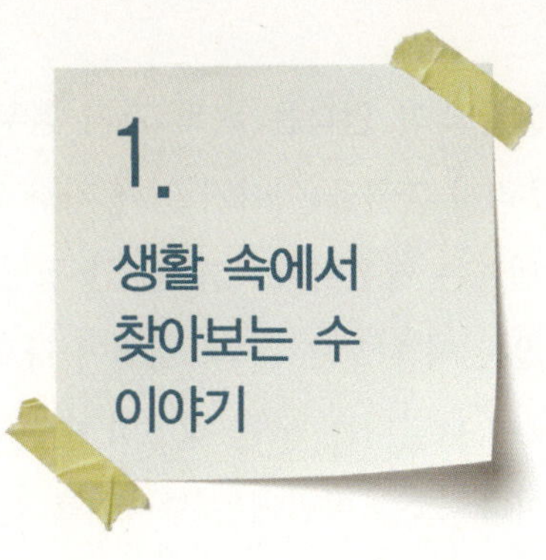

□ 생활 속에서 찾은 경우의 수와 확률

우리는 일상생활에서 여러 가지 가능한 경우 중에서 하나를 선택해야 할 때가 있다. 학교 가는 길. 오늘도 여러분은 선택과 만날 것이다. 걸어갈 것인가, 뛰어갈 것인가. 차를 타고 갈 것인가? 우리는 이런여러 가지 대안 중에서 하나를 선택해야 한다. 이때 우리는 최선의선택을 위해서 모든 가능성을 고려하여야 하는데, 이런 최선의 선택을 위한 모든 경우의 수를 알아본다. 그리고 그 경우의 수 중에서 어떤 특정한 사건이 일어날 경우를 확률로 풀어보자.

그럼 이제 여행에서 교통수단으로 사용할 수 있는 가짓수, 점심을먹으러 갔을 때 메뉴 중에서 몇 개를 골라 먹을 수 있는 가짓수, 윷놀이를 할 때 윷이 나올 가짓수, 복권을 구입할 때 만들 수 있는 숫자조합의 수 등을 알아본다.

○ 우리가 만나는 여러 가지 경우의 수

우리가 확률을 이야기할 때 가장 많이 다루는 것이 동전과 주사위를 던지는 경우이다. 영화의 한 장면에서는 갈림길에서 동전을 던진다. 앞면이 나오면 우측, 뒷면이 나오면 좌측 길을 선택하기로 한다. 이때에 나타나는 모든 경우의 수는 2이고 동전 뒷면이 나올 확률은 1/2이다. 그럼 이번에는 주사위를 한 번 던져보자. 주사위를 던져서 나온 수만큼의 사탕을 나누어 먹는 게임을 한다면 나타날 수 있는 모든 경우의 수는 얼마일까? 1, 2, 3, 4, 5, 6의 여섯 가지 경우가 있으므로 6이다.

이번에는 구슬 꺼내기를 해 보자. 주머니 속에 1에서 10까지의 숫자가 각각 적힌 크기와 모양이 같은 구슬이 10개 있다. 이 상자에서 3의 배수를 꺼낼 경우의 수는 얼마일까? 이때의 경우의 수는 3이다. 영희와 철수 두 친구가 가위, 바위, 보를 하고 있다. 일어날 수 있는 모든 경우는 얼마일까? 이때 나타나는 모든 경우의 수는 9다. 그렇다면 비기는 경우의 수는 얼마일까? 비기는 경우는 [가위, 가위], [바위, 바위], [보, 보]로 이때의 경우의 수는 3이다.

우리는 생활 속에서 선택의 문제에 많이 부딪힌다. 새 학년이 되면 몇 명의 입후보자 중에서 반을 대표할 사람을 선출한다. 누구를 뽑아야 할까? 그리고 여행을 계획하고 있다면 여행지도 여러 가지 경우 중에서 선택하게 된다. 그뿐인가? 우리는 음식점에서 음식을 고를 때도 여러 가지 경우의 수와 만나게 된다.

이번에는 우리의 전통 민속놀이인 윷놀이 속에서 나타나는 경우의 수를 생각해 보자. 4개의 윷을 던지면 나타나는 모든 경우의 수는 얼마일까? 각각의 윷이 앞면과 뒷면의 두 가지 경우를 가지는데, 이것이 4개가 있으니, 모든 경우의 수는 16이 된다. 그렇다면 윷놀이에는 도, 개, 걸, 윷, 모 중에서 무엇이 가장 자주 나타날까?

　　때론 가장 작은 경우의 수를 찾아야 하는 경우도 있다. 이 문제는 4색 정리에서 한번 찾아본다. 경계면은 각기 다른 색을 칠해야 한다는 규칙 하나만으로 색을 칠할 때 아래의 지도를 칠할 수 있는 가장 작은 경우의 수는 무엇일까? 한번 시도해 보자. 여러분은 4색이면 충분할 것이다. 어떤 나라의 지도도 4색만으로 인접지역이나 나라를 다른 색으로 칠할 수 있다는 사실은 많은 수학자들을 흥분시켰다고 한다. 그러나 이것을 증명하는 데는 무려 120년이 걸렸다고 한다. 최초로 4색 정리를 증명해 낸 수학자는 케네스 아펠과 울프강 하켄이라고 한다. 참고하자.

〈그림 19〉 경상북도 지도

마지막으로 로또 복권에서도 경우의 수를 만날 수 있다. 6개의 숫자 조합으로 만들어지는 복권의 당첨 번호는 도대체 얼마나 많은 경우의 수 중에서 만들어진 것일까? 1부터 45까지 숫자 중에서 6개씩 묶어서 한번 만들어보자.

○ 순열과 조합의 관계

여러 개의 대상 중에서 몇 개를 선택할 때 순서를 정하여 선택하는 경우와 순서를 고려하지 않는 경우를 구분하여 알아보아야 한다. 예를 들면 여행지를 선정할 때 여러 장소 중에서 몇 곳을 선택한다고 하자. 그때에 방문 순서를 고려해야 하는 경우와 때에 따라서는 순서를 고려할 필요가 없는 경우도 있다. 여행지를 선정하는 방법에서 순열과 조합에 대한 경우의 수를 알아보자.

대구, 부산, 경주, 서울, 제주 중에서 두 곳을 여행하려고 한다. 이 경우 두 곳을 선택하는 경우는 다음과 같다.

-여행지 순서를 고려하는 경우(순열)

1	대구, 부산	11	경주, 서울
2	대구, 경주	12	경주, 제주
3	대구, 서울	13	서울, 대구
4	대구, 제주	14	서울, 부산
5	부산, 대구	15	서울, 경주
6	부산, 경주	16	서울, 제주
7	부산, 서울	17	제주, 대구
8	부산, 제주	18	제주, 부산
9	경주, 대구	19	제주, 경주
10	경주, 부산	20	제주, 서울

-여행 순서를 고려하지 않는 경우(조합)

1	대구, 부산	11	경주, 서울
2	대구, 경주	12	경주, 제주
3	대구, 서울	13	~~서울, 대구~~
4	대구, 제주	14	~~서울, 부산~~
5	~~부산, 대구~~	15	~~서울, 경주~~
6	부산, 경주	16	서울, 제주
7	부산, 서울	17	~~제주, 대구~~
8	부산, 제주	18	~~제주, 부산~~
9	~~경주, 대구~~	19	~~제주, 경주~~
10	~~경주, 부산~~	20	~~제주, 서울~~

어느 곳을 먼저 여행할 것인지 순서가 중요하다면 대구-부산과 부산-대구는 다른 경우가 되므로 대구, 부산, 경주, 서울, 제주 중에서 두 곳을 여행하려고 할 때 나타날 수 있는 모든 경우의 가짓수는 20가지이다. 그러나 순서가 중요하지 않다면, 즉 순서에 상관없이 여행지를 두 곳만 선정하려고 한다면, 대구-부산과 부산-대구는 같은 경우가 된다. 그래서 대구, 부산, 경주, 서울, 제주 중에서 두 곳을 여행하려고 할 때 나타날 수 있는 모든 경우의 가짓수는 중복되는 경우를 제외한 10가지가 된다.

이번에는 10명의 동아리 회원 중에서 2명의 임원을 뽑을 때를 알아보자.

회장과 부회장을 구분하여 선출해야 하는 경우는 영희와 철수가 선출되는 경우 회장에 영희, 부회장 철수가 될 수도 있고 회장에 철수, 부회장에 영희가 될 수도 있어서 경우의 수가 2가 되지만, 대표와 부대표가 아닌 대표임원을 두 명 선출하는 경우는 '영희와 철수'와 '철수와 영희'가 같은 경우이므로 경우의 수가 1이 된다.

이번에는 음식점에서 음식을 고르는 경우의 수를 알아보자. 세 가지 메뉴에서 두 가지를 선택하는 경우이다.

〈그림 20〉 대표를 선출하는 경우

-주문하는 순서를 고려한 경우

1	순대, 떡볶이
2	순대, 튀김
3	떡볶이, 튀김
4	떡볶이, 순대
5	튀김, 순대
6	튀김, 떡볶이

-주문하는 순서를 고려하지 않는 경우

1	순대, 떡볶이
2	순대, 튀김
3	떡볶이, 튀김
4	~~떡볶이, 순대~~
5	~~튀김, 순대~~
6	~~튀김, 떡볶이~~

모든 경우의 수는 6이다. 순서를 고려하기 때문에 순대−떡볶이와 떡볶이−순대는 서로 다른 경우로 보아 2가지이다. 즉 순대를 먼저 고른 경우, 두 번째 선택할 수 있는 메뉴는 떡볶이와 튀김을 고를 수 있다. 이렇게 첫 번째에 선택할 수 있는 메뉴가 세 가지이므로 2×3=6 으로 모든 경우의 수는 6이 된다. 표를 그려보지 않아도 쉽게 알 수 있다. 순대−떡볶이와 떡볶이−순대를 순서를 고려하지 않는다면 같은 메뉴이기 때문에 우리가 식당에서 일반적으로 두 가지를 주문할 때 두 가지 경우가 아니라 한 가지 경우로 볼 수 있다. 그래서 순서를 고려하였던 6가지 경우의 수 중에서 중복되는 3가지는 제거되어 결국 순서를 고려하지 않는 경우의 수는 3이 된다.

즉, 우리는 활동들을 통하여 주어진 대상 중에서 몇 개를 택할 때 순서를 고려할 필요가 없는 경우가 있고, 그것은 순서를 고려하는 경우와 나타나는 경우의 수가 서로 다름을 알 수 있다.

〈그림 21〉 음식을 고르는 경우

○ 확률이란?

여러분은 일상생활에서 어떠한 선택을 하거나 판단을 내려야 할 때 이미 마음속으로 확률을 계산하고 있을지도 모른다. 그렇다면 확률은 여러분이 선택하고 판단을 내리기 위한 하나의 도구는 아닐까? 확률은 하나의 사건이 일어날 수 있는 가능성을 수로 나타낸 것으로 같은 원인에서 특정의 결과가 나타나는 비율을 뜻한다.

$$\text{확률}(p) = \frac{\text{어떤 사건이 일어 날 수 있는 경우의 수}}{\text{일어날 수 있는 모든 경우의 수}} \text{이다.}$$

확률의 기본 성질은 임의의 사건 P에 대한 확률이 0보다 크거나 같고 1보다 작거나 같다. 경우의 수에서 살펴보았던 1부터 10까지가 적힌 10개의 구슬 중에서 하나를 꺼내는 활동을 다시 한 번 해 보자. 이 상자에서 임의로 한 개를 꺼낼 때, 홀수가 나올 경우 이번 겨울방학 영어 캠프에 참석할 수가 있고 짝수를 꺼내는 친구는 캠프에 참석할 수가 없다고 해 보자. 그곳에 모인 친구는 10명이고 모두 한 개의 구슬은 꺼낼 수가 있다고 한다. 모든 경우의 수는 10이고 첫 번째 꺼내는 사람의 확률은 5/10, 즉 1/2이다. 그러나 두 번째 꺼내는 사람은 홀수 구슬을 꺼낼 확률이 얼마일까? 그것은 앞사람이 홀수를 꺼냈는지 짝수를 꺼냈는지에 따라 달라진다. 앞사람이 홀수 구슬을 꺼냈다면 여러분은 어떻게 할 것인가? 지금 당장 두 번째 구슬을 꺼내는 사람이 될 것인가? 아니면 더 천천히 구슬을 꺼내는 사람이 될 것인가? 곰곰이 생각해보기 바란다.

이제, 여러 가지 확률을 경험해 보자.

첫 번째는 짝수를 싫어하는 영희와 수지에 대한 이야기이다. 영희와 수지는 주사위를 던져서 2의 배수가 나오는 사람이 집에 가는 길에 상대방의 가방을 다 들어주는 게임을 하였다고 하자. 이때 주사위를 던져서 2의 배수가 나올 확률은 얼마일까?

주사위에서 나타나는 모든 경우의 수는 6이다. 1부터 6까지 6가지 경우가 있다. 그중에서 2의 배수가 나타나는 경우는 [2, 4, 6] 3가지 경우가 있으므로 주사위 한 개를 던졌을 때 2의 배수가 나타날 확률은 3/6, 즉 1/2이 된다. 영희와 수지 두 사람은 각각 1/2의 가능성으로 주사위를 던질 수 있는 것이다.

두 번째는 늘 붙어 있고 싶은 지원과 영희의 이야기이다. 지원, 영희, 민수 3명이 일렬로 줄을 설 때 지원과 영희는 붙어서 서고 싶어한다. 지원이가 앞에 설 것인지, 영희가 앞에 설 것인지는 상관이 없다. 그냥 둘은 이웃하여 서고 싶을 뿐이다. 지원이와 영희가 이웃하여설 확률은 얼마일까?

모든 경우의 수는 6가지(3×2×1)이고 지원이와 영희가 이웃하는 경우는 2가지 그러나 둘이 이웃하는 경우는 AB, BA 두 가지이므로 두 사람이 이웃하는 경우는 4가 되고 그들이 이웃하여 서게 될 확률은 4/6, 즉 2/3이다.

세 번째는 빨간 구슬 3개, 노란 구슬 4개가 들어 있는 자루에서 2개를 꺼낼 때 꺼낸 구슬이 모두 빨간 구슬일 확률을 구하는 이야기이다.

모든 경우의 수는 7×6/2×1=21이다. 모든 구슬의 수가 7개이므로 첫 번째로 꺼낼 수 있는 구슬의 수는 7가지이고 두 번째에는 하나가 빠져나오고 나서 꺼낼 수 있는 구슬의 수는 6가지이다. 이때 한꺼번에 두 개를 동시에 꺼내는 것과 같으므로 7과 6을 곱해주면 42가 되고 이것 두 개는 1, 2와 2, 1이 같은 경우이므로 2로 나누어 주면 21이 된다. 즉, 모든 경우의 수는 21이고 2개 모두 빨간 구슬일 경우의 수는 3×2/2×1=3이다. 빨간 구슬은 전체가 3개이고 이 중에서 두 개를 선택하는 것이므로 3×2로 6가지 경우가 있지만, 1, 2와 2, 1이 같은 경우이므로 2로 나누어 주면 3이 된다. 즉, 빨간 공 두 개를 뽑을 확률은 3/21=1/7이다.

네 번째는 A, B 두 사람이 가위바위보를 할 때 A, B 각각이 승리할 확률과 비길 확률에 대한 이야기이다. 이번에는 비기는 경우의 수를 구해보자.

A가 낼 수 있는 경우의 수는 3(가위, 바위, 보)이고, 가위를 낸 경우 상대방(B)과 만나게 되는 경우의 수는 3(가위, 바위, 보)이므로 모든 경우의 수는 9, 비기는 경우의 수는 [가위, 가위], [바위, 바위], [보, 보] 3이므로 A, B가 비길 확률은 3/9으로, 즉 1/3이 된다.

다섯 번째는 2012년 개업한 K제조 기업의 이야기이다. 이 기업은 매달 200개의 전기밥솥을 만든다. 그런데 그중에서 4개의 제품이 불량품이었다면 이 기업이 매달 만드는 전기밥솥 중 1개의 제품을 고를 때 불량품일 확률을 구해보자.

모든 경우의 수는 200개의 전기밥솥이고 4개의 제품이 불량품이므로 이 기업이 매달 만드는 전기밥솥 중 1개의 제품을 고를 때 불량품일 확률은 4/200이다.

이번에는 이런 확률을 연구한 사람들을 알아보자. 언제 어떤 사람들이 왜 이런 것을 연구하기 시작했을까?

○ 확률을 연구한 수학자 이야기

확률(probability, 確率)은 하나의 사건이 일어날 수 있는 가능성을 수로 나타낸 것으로 같은 원인에서 특정의 결과가 나타나는 비율을 뜻한다. 확률은 언제부터 연구되기 시작했을까? 확률의 이론은 프랑스의 B.파스칼, P.페르마 등이 17세기 중엽에 도박 문제에 관한 의견 교환에서부터 수학적으로 다루게 되었다고 한다. 특히 파스칼(Pascal, Blaise)은 프랑스의 수학자이자 물리학자, 발명가, 철학자, 신학자로 12세 때 유클리드 기하학에 몰두하여 16세에는 『원추곡선론』(Essai pour les coniques)을 기술하였고, 1642년에는 계산기도 발명하였다고 한다. 파스칼은 확률론, 수론(數論) 및 기하학 등에 걸쳐서 공헌한 바가 크다. 피에르 페르마(Pierre de Fermat)도 17세기 프랑스의 수학자로 근대의 정수 이론 및 확률론의 창시자로 알려져 있다. 그러나 그는 원래 법학을 공부하여 변호사였고, 생애를 마칠 때까지 수학자가 아닌 다른 직업에 종사하면서 수학을 연구하였다고 한다. 수학을 취미로 하는 아마추어 수학자이지만 여러 방면에 획기적인 업적을 남겨서, 17세기 최고의 수학자로 손꼽힌다. 확률을 연구한 수학자로 이탈리아 수학자 카르다노(Gerolamo Cardano)를 빼놓을 수 없다. 카르다노는 확률이라는 개념을 처음 수학으로 연구한 수학자로 그의 『확률이라는 게임에 관한 책(Liber de ludo aleae)』은 확률 연구에 시초가 된 책으로 B. 파스칼과 P. 페르마보다 1세기 정도 앞섰다고 한다. 그는 수학자이면서 알레르기 현상을 이해하고 치료한 의사이기도 했다. 그는 1543년 파비아 대학교의 의학교수직을 받아들이기도 했다고 전한다.

이런 수학자들에 의해 체계화된 확률을 우리의 생활 속에서 쉽게 만날 수 있다. 전통 민속놀이인 윷놀이와 행운의 복권 속에서 확률을 알아보자.

□ 윷놀이 속에서 찾은 확률

민속놀이 가운데 현재 가장 대중적이고 보편적으로 행해지는 것은 윷놀이라고 할 수 있다. 우리의 전통 윷놀이에서 나타나는 모든 경우의 수를 각각 찾아보자.

윷놀이는 어떤 놀이일까?

우리 조상들은 가축의 번성을 기원하는 의미에서 소, 돼지, 말, 양, 개의 다섯 가축을 이용한 윷놀이를 만들었다. 윷놀이는 네 개의 윷을 던져서 나온 수만큼 윷판 위에서 말을 이동하면서 하는 놀이이다. 여럿이서 게임을 하는 경우 팀을 만들어 놀이를 진행할 수도 있다. 이때 팀의 모든 말이 먼저 시작점으로 돌아와 나오면 이기는 게임이다.

게임 참가자는 모두 차례로 한 번씩 던지게 되고 윷이 나온 경우, 모가 나온 경우, 다른 참가자의 말을 잡은 경우는 윷을 한 번 더 던지는 기회를 갖는다. 윷놀이에는 잡기와 업기의 규칙이 있다. 앞서 가는 말을 잡을 수 있는데 이것을 잡는다고 한다. 그것이 상대방의 말이면 잡힌 말은 처음부터 다시 출발해야 한다. 하지만 같은 팀의 말이면 겹쳐서 함께 움직일 수 있다. 이것을 업어간다고 한다. 이때도 잡히면 함께 움직인 모든 말은 다시 출발해야 하고 말을 잡은 사람은 윷을 한 번 더 던질 수 있는 기회가 생긴다. 그 외에도 몇 가지 규칙을 더 적용할 수도 있다.

다음은 윷놀이에서 나타날 수 있는 모든 경우의 수에 대한 각 사건의 경우의 수에 대한 자료이다. 윷놀이에서 나타나는 모든 경우의 수는 16이고 도, 개, 걸, 윷, 모가 나타나는 각각의 경우의 수는 4, 6, 4, 1, 1이다. 윷놀이에서도 경우의 수와 확률을 배울 수 있다.

〈그림 22〉 윷놀이 속의 확률

윷놀이에서 배운 내용을 확률로 정리해 보면 윷가락 4개를 던졌을 때 도, 개, 걸, 윷, 모 중에서 가장 많이 나타나는 사건이 '개'이고 이것이 나올 확률은 6/16이다. 각 사건 중에서 '개'가 가장 많이 나타남을 확인할 수 있다.

□ '나눔로또 6/45 복권' 속에서 찾은 확률

많은 사람들이 복권에 당첨될 행운을 찾는다. 그렇다면 그들이 꿈꾸는 복권 당첨의 일이 확률적으로는 얼마의 가능성이 있을까? 생활 속에서 일어나는 여러 가지 확률과 비교하여 그 행운이 얼마나 힘든 것인지를 알아보자. 2002년 국내에 처음 출시된 나눔로또 6/45 복권의 진정한 의미는 대박, 인생역전이 아닌 행운과 즐거움, 그리고 '나눔'과 '기부'에 있다고 한다. 로또는 전체 판매액의 42% 이상이 공익을 위한 기금으로 운영되며, 소외계층에 대한 복지사업, 문화예술 진흥 및 문화유산 보존사업, 임대주택 건설, 저소득층의 주거안정 지원사업 등에 사용된다. 매년 약 1조 원의 복권 기금이 조성되어 사회 곳곳으로 환원되었다고 한다. 좋은 일도 하는 복권에 대하여 즐거움과 행운에 대한 부분을 확률로 접근해 보자.

○ 나눔로또 6/45 복권에 당첨될 확률은?

1부터 45까지 숫자 중에서 6가지를 선택하는 로또 복권의 모든 경우의 수부터 알아보자. 나눔로또 6/45 복권은 45개의 숫자 중에서 6개의 숫자를 선택하고 그 숫자들은 순서에 상관없이 추첨번호와 동일하면 당첨되는 행운을 가지는 것이다. 이때 45개의 숫자 중에서 6개의 숫자를 선택할 때 어떤 숫자를 적을까 많이 고민해 보아야 한다.

이 번호는 518회차 당첨 번호 6개이다. 당첨 번호는 순서와는 상관이 없다.

14 23 30 32 34 38 보너스 6

보너스 번호는 생각하지 말고 나눔로또 6/45에서 나타날 수 있는 모든 경우의 수를 생각해 보자. 순서 상관없이 무수히 많은 6개의 조합을 만들 수가 있다. 이렇게 만들 수 있는 6개의 수 조합의 모든 경우의 수는 45C6(45 combination 6)의 조합으로 나타낼 수 있고, 이때 나타날 수 있는 모든 경우의 수는 8,145,060가지이다. 이것은 중복 없이 나타나는 가짓수이다.

경우의 수에 대한 풀이:

$$45 \times 44 \times 43 \times 42 \times 41 \times 40 / 6 \times 5 \times 4 \times 3 \times 2 \times 1 = 8,145,060$$

확률에 대한 또 다른 풀이:

$$6/45 \times 5/44 \times 4/43 \times 3/42 \times 2/41 \times 1/40 = 1/8,145,060$$

이 경우에 우리가 복권을 한 장 구입한다면 6개의 숫자가 조합된 것을 하나 선택하는 것이므로 복권에 당첨확률은 1/8,145,060이다.

그렇다면 로또 복권은 '자동'으로 구매해야 당첨 확률이 높을까?

직접 예상 당첨 번호를 기록하는 '수동'으로 구매해야 당첨 확률이 높을까? 수동보다는 자동이 당첨 확률이 더 높다고 한다. 그래서인지 로또 번호 자동 선택(기계) 비율도 2002년 25%에서 점점 증가하여 2007년에는 74% 정도까지 높아졌다고 한다. 로또복권 수탁사업자인 나눔로또가 2기 사업기간(262~512회)을 기준으로 1등 당첨자의 자동·수동 당첨 확률을 비교한 결과, 수동은 29%(444명)인 반면, 자동은 71%(1,077명)에 달하여 자동 당첨 확률이 수동에 비해 두 배 이상 높게 나타났다고 한다. 최근 당첨 결과인 512회도 1등 당첨자 13명 가운데 4명이 수동, 9명이 자동으로 번호를 선택하였다고 한다.

그렇다면 왜 자동의 당첨 확률이 더 높은 것일까?

기계는 규칙에 의하여 중복 없이 번호를 생성하지만, 사람이 만드는 번호에는 중복이 여러 번 생기기 때문에 당첨 확률은 더 낮아지는 것이다. 한 사람 개인은 한 번에 6개의 번호를 선택하였지만, 다른 지역의 어떤 사람도 나와 같은 번호를 만들면서 같은 번호들의 조합이 중복되어 만들어질 수 있기 때문이다. 그러나 기계는 규칙에 의하여 번호를 생성하므로 1/8,145,060의 확률이 될 수 있는 것이다. 사람의 번호 생성은 중복이 포함되므로 수학적 확률에 비해 확률은 낮아지는 것이다. 복권을 구입한 것처럼 시트지에 자신이 선택한 번호를 기입하면서 나타낼 수 있는 경우의 수를 생각해 보자. 1부터 45까지의 숫자 중에서 여러분이 마음에 드는 6개의 숫자를 골라서 가로로 적어보자 [예: 4, 13, 26, 38, 43, 19]. 수학적 확률이 1/8,145,060로 작으므로 우리는 6번 정도 적어보자. 즉, 여러분은 6장의 로또복권을 구입하는 것이다. 그리고 스티로폼 공 45개를 준비하여 그곳에 1~45까지의 숫자를 각각 적고 바구니에 넣자. 이제 눈을 감고 6개의 공을 꺼내 보자.

여러분이 바구니에서 꺼낸 공에 적힌 숫자들이 시트지에 적어 놓은 6개의 숫자와 모두 일치한다면 여러분은 행운아이다.

생활 속에서 찾은 경우의 수와 확률

생활 속에서 찾은 경우의 수와 확률 이야기를 이제 여러분 스스로 풀어나가 보자.

[1] 생활 속에서 찾을 수 있는 여러 가지 경우의 수를 확인하자.

1-1. 여러분은 혹시 내기를 좋아하는가? 그렇다면 주사위를 두 개 준비하자. 게임의 규칙은 이렇다. 먼저 어떤 내기를 할지를 정하자. 지는 사람이 떡볶이를 사기로 하면 어떨까? 그리고 자신의 수첩에 주사위를 두 개를 던져서 나올 수 있는 두 숫자의 합을 적는다. 다 적었다면 이제 주사위를 던지면 된다. 자, 그렇다면 이때 어떤 숫자를 적으면 이길 확률이 높을까? 그렇게 생각한 이유는 무엇인가?

1-2. 우측 음식메뉴판에서 세 가지를 선택하여 주문하려고 한다. 순서를 고려하는 경우와 순서를 고려하지 않는 경우로 구분하여 생각해 보자.

– 주문할 수 있는 방법은 각각 몇 가지일까?

- 구하는 경우의 수에 대한 식을 한번 유추해 보자.

우리가 일상생활에서 점심을 먹으러 갔을 때는 순서를 고려하는 경우보다는 순서 상관없이 세 가지 메뉴를 선택하는 경우가 많다. 그러나 때로는 순서를 생각하면서 주문해야 하는 경우도 있으니까, 두 가지 경우의 수를 모두 알아두어야 한다. 음식점에서 코스요리를 개발하려는 경우는 특히 모든 경우의 수에서 순서를 고려하여야 한다.

[2] A, B, C 세 사람이 가위, 바위, 보를 할 때 나타나는 모든 경우의 수를 찾아보자.

빈칸에 이긴 사람의 이름을 적고 비기는 경우는 '비김'으로 적는다. A, B, C 각각의 이길 확률과 비길 확률을 구해보자.

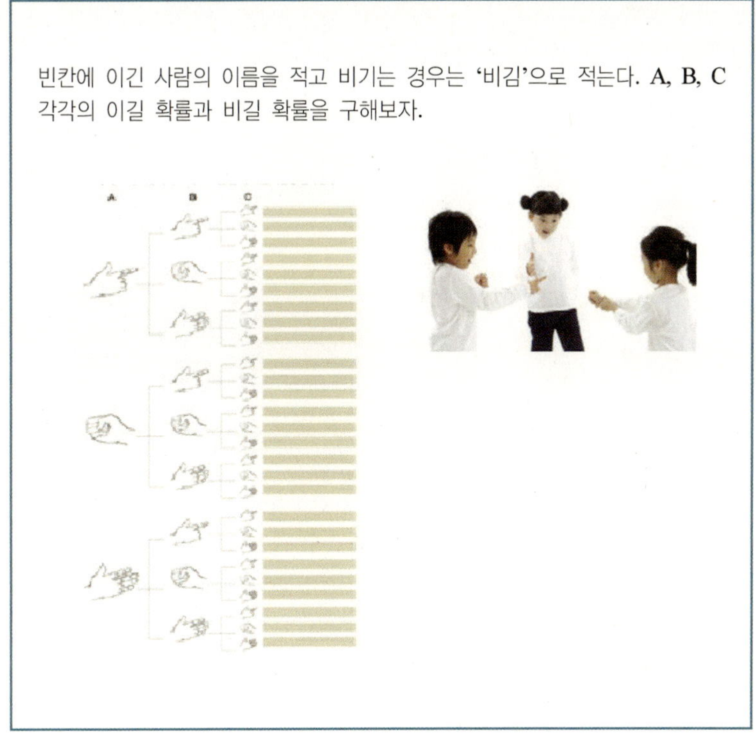

[3] 때론 가장 작은 경우의 수를 찾아야 할 때도 있다. 생활 속에서는 어떤 경우
에 가장 작은 경우의 수를 찾아야 할까?

[4] 나눔로또 6/45 복권에서 찾은 '행운의 비밀' 하나

로또 복권은 '자동'으로 구매해야 당첨 확률이 높을까? 직접 예상 당첨 번호를
기록하는 '수동'으로 구매해야 당첨 확률이 높을까? 왜 그렇다고 생각하는가?

[5] 확률과 관련된 재미난 이야기를 찾아보자.

더 알아보기

1. 김하얀, 『카르다노가 들려주는 확률 1, 2 이야기』 (주)자음과 모음(2008)
2. 정완상, 『파스칼이 들려주는 확률론 이야기』 (주)자음과 모음(2010)
3. 정연숙, 『파스칼이 들려주는 경우의 수 이야기』 (주)자음과 모음(2008)
4. 차용욱, 『하켄이 들려주는 4색 정리 이야기』 (주)자음과 모음(2008)
5. 고등학교 교과서 『수학』 (주)중앙교육진흥연구소
6. 고등학교 실용수학, (주)교학사

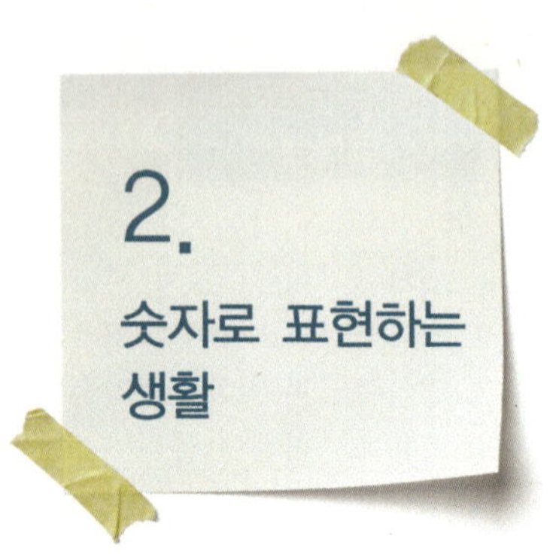

피타고라스(Pythagoras): 만물의 근원은 수이다.

□ 숫자로 생각을 표현할 수 있을까?

가만히 생각해 보면 세상은 마치 숫자로 지어진 집과 같아 보인다. 숫자로 표현하는 생활에서는 한 소년의 일과로 이야기를 시작한다.

"나의 아침은 아침 7시면 어김없이 울리는 알람으로 시작된다. 8시 30분까지 등교한다. 학교 가는 길에는 친구 2명을 만난다. 현민이와 정기는 친한 나의 친구다. 집에서 학교까지는 채 500m가 되지 않는다. 나의 걸음걸이로는 10분이면 충분하다. 특히 이야기를 하면서 가면 금방 시간이 지나가 버린다. 학교를 마치고 서점에 들러 좋아하는 만화책을 한 권 산다. 이것의 가격은 9,000원이다. 며칠 전 생일 선물로 받은 만 원권 도서상품권을 이용한다. 거스름돈으로 1,000원을 돌려받는다. 나의 형은 초등학생이 키 150cm에 몸무게가 50kg을 넘는 것은 비만이라며 놀려댄다. 나도 공격은 하고 싶지만, 힘센 형을 이길 수가 없다. 동생으로 사는 것은 불합리한 부분이 많지만 어머니께서는 늘 동생이 참아야 한다고 한다. 왜 그래야 하지? 시간을 거꾸로 돌릴 수 있는 방법은 없을까?"

소년의 일과를 통해 우리 삶에 숫자가 많이 사용되고 있음을 알 수 있다. 숫자가 없다면 우리는 무엇으로 이 이야기들을 채워 넣을 수 있을까?

수학자 피타고라스는 대장간에서 들리는 쇠망치질 소리를 듣고 두들기는 소리조차도 두들기는 쇠막대 길이의 비에 따라 다양한 일정음을 내는 것을 깨달았다고 한다. 그는 이것을 통해 숫자들의 비로 세상 만물의 다양함을 모두 파악할 수 있다는 확신을 갖게 되었다. 소리도 숫자의 비로 표현할 수 있다는 뜻이다. 현재는 소리의 세기도 데시벨(dB)이라는 단위와 함께 숫자로 기록하고 있다.

자, 이제 숫자로 지어진 세상으로 들어가 보자.

○ 숫자는 언제 생겨났을까?

수의 역사 속에서 그 최초의 기록은 찾기가 힘들다고 한다. 그래서 생활 속에서 가장 많이 사용되고 있는 자연수부터 한번 알아보자.

자연수는 우리가 가장 쉽게 많이 사용하고 있는 수로 사물의 개수를 세기 위해 가장 먼저 등장한 수이다. 자연수는 1, 2, 3, 4, ……, n, ……으로 나타낼 수 있다. 하지만 자연수는 가장 작은 수 1은 명확하게 주어지지만 자연수열의 끝에 오는 수는 제시할 수 없다. 다만 일정하게 커지는 수이다.

이번에는 철학적인 수 '0'에 대해 알아보자. 왜 철학적이라고 할까?

0은 계산에는 꼭 필요하지만, 수를 셀 때는 알아서 제외되니 철학적이라고 할 수 있다. 또한 '0'은 더하기나 빼기에서는 아무 기능을 발휘하지 못하여 변화를 일으키지 않는다. 이것을 수학적으로 '덧셈에 대한 항등원'이라고 한다. 그런데 '0'은 곱하기에서는 엄청난 위력을 나타낸다. 그 어떤 수도 '0'이 곱해지면 원래 가진 수를 없애버리는 엄청난 힘을 가졌다. 0은 '없음'과 '있음', '불가능'의 뜻을 모두 포함하는 모순의 성격을 가진 철학적인 수라 할 수 있다. 0은 얼핏 생각하면 가장 먼저 만들어진 수 같지만 상당히 늦게 나타났다고 한다. 5~6세기경에 인도와 중국 문명의 결합으로 생겨 나타난 것으로 추정되고 있다.

이번에는 음수(-)를 알아보자.

우리 이전에 살던 사람들이 수를 사물만 세기 위하여 찾아내어서 자연수를 먼저 찾았던 것 같다. 그래서 헤아릴 필요가 없는 0은 더 늦게 등장한 듯하다. 그렇다면 음수(-)도 헤아릴 필요가 없어서 늦게 등장한 것일까? 시기적으로는 6~7세기에 등장해서 0의 등장보다 조금 더 늦었다고 한다. 음수는 인도 상인들에 의해 처음 등장했다. 인도 상인들이 소득과 지출을 균형 맞추기로 기록하면서 지출이 소득보다 큰 경우가 발생하였고 이때에 음수의 개념이 자연스럽게 사용되었다고 전한다. 그러나 서구에서는 15세기가 되어서야 음수가 수의 세계에 발을 들여 놓았다고 하니, 왜 인도를 수학의 나라로 부르는지 짐작할 수 있는 대목이다.

그 외에도 수의 체계에는 분수로 된 유리수가 있다. 피타고라스 시대에 살던 사람들은 세상이 유리수로 이루어져 있다고 믿었다. 유리수는 0과 음수(−)보다 먼저 나타난 수라고 한다. 유리수 외에도 무리수가 있다. 무리수(√)는 유리수가 아닌 수를 말하는 것으로 이것도 0과 음수(−)보다 먼저 나타났다. 일반적으로 우리가 나눗셈을 할 때 몫이 일정한 규칙 없이 계속 나오면서 나누어떨어지지 않는 수를 말한다. 5세기경에 나타난 무리수의 발견은 같은 종류의 모든 기하학적인 양을 같은 단위로 측정할 수 없다는 예상 밖의 발견이었다. 그래서 무리수의 등장은 수의 역사 가운데 0과 음수(−)의 등장 다음으로 세 번째 위기로 알려져 있다.

소수점을 이용한 숫자의 표시 방법을 알아보자. 소수점은 952년 아라비아 유클리드시가 하나의 반도 하나의 수라는 원칙에 따라 0.5로 대체할 수 있다고 주장하면서 등장하였다고 한다. 현재 우리가 사용하는 십진법 소수 체계는 벨기에 수학자 스테빈(1548~1620)에 의해서 완성되었다.

수에는 이것 외에도 좀 더 있지만, 생활 속에서 쓰이는 것만 간략하게 알아보았다. 그럼 이제 우리 생활 속에서 숫자들이 어떤 단위들과 함께 사용되는 것을 찾아보자.

□ 숫자로 표현하는 방법 〈단위〉

세상을 숫자로 표현된 커다란 세상이라고 한다면, 숫자만으로 세상을 표현하기는 어려움이 있다. 이런 어려움을 해결한 것이 단위이다. 숫자로 표현하는 방법에 단위가 함께 이용됨으로써 세상을 좀 더 구체적이고 폭넓게 나타낼 수 있게 되었다. 숫자로 이루어진 커다란 세상은 단위를 이용한 표현 방법으로 더 풍성해질 수 있다. 숲에서 한 그루 한 그루의 나무들이 서로 다르듯이 넓은 수의 세계에서 수와 함께 사용되는 단위에 따라 수는 또 다른 나무 한 그루 한 그루처럼 서로 다르게 표현되는 것이다.

우리에게 자동차가 한 대 있다면 이것을 어떻게 수로 나타낼 수 있을까? 무게를 나타내려면 분명히 숫자가 필요하다. 하지만 숫자만으로 자동차의 무게를 나타내기는 어려움이 있다. 1이라고 할 수도 있고, 10이라고 할 수도 있지만, 크기와 무게가 다른 각각의 자동차 무게를 어떻게 1과 10과 같은 숫자만으로 나타낼 수 있을까? 그래서 나타난 것이 ‘단위’이다. 숫자를 단위와 함께 나타내어서 각각 다른 자동차의 크기와 무게를 표현할 수 있는 것이다. 하지만 세상 사람들이 사용하는 단위가 다 다르다면 또 문제가 생길 것이다. 그래서 우리는 과학기술의 발전과 더불어 만들어지는 여러 부수적인 것을 표현하기 위한 ‘단위’를 세계적으로 통일하기로 약속을 하였다고 한다. 세계가 함께 약속한 단위들을 숫자와 함께 사용해서 생활을 보다 정확하고 일관성 있게 나타내기로 한 것이다. 이제 우리의 생활 속에서 숫자들이 어떻게 균형 있게 단위들과 사용되고 있는지 살펴보자.

○ 한국표준과학연구원을 소개해요

인간의 모든 활동의 기초는 측정이라 할 수 있다. 측정은 어떤 것을 재는 기준이다. 이때 표준이 없다면 우리 활동을 재대로 나타내기는 힘들다. 일상생활에서 일어나는 거래와 소비, 교환, 과학기술 연구, 생산, 국제 교역 등에 기준이 되는 표준이 없으면 모든 인간의 활동은 원활히 이루어질 수 없을 것이다. 예를 들어 화폐에 단위가 없다면 교환이 힘들어지는 것과 같다. 물물교환의 불편을 해소하기 위해 화폐가 만들어졌고 그것은 단위의 표준으로 연결되어 우리 생활에서 교환을 빠르고 쉽게 이루어지게 하였다. 하지만 화폐의 경우는 국제 표준이 이루어지진 않았다. 왜냐하면 나라마다 국가 경제 활동과 그 흐름이 다르기 때문이다. 각국은 환율에 의해 화폐를 교환하여 사용하고 있다. 이것은 마치 물물교환과도 비슷하다. 생활 속에서 단위의 표준이 필요한 이유를 찾아보자.

우리는 매일 아침 일어나 가장 먼저 시계를 본다. 왜일까? 시간은 우리 생활을 구성하는 가장 기본적인 틀이기 때문이다. 그런데 만약 시계가 맞지 않으면 어떻게 될까? 시간이 모두 같지 않다면 여러분의 등교시간은 모두 제각각이 될 것이다. 그래서 시간은 우리 집에 있는 이 시계뿐 아니라 친구 집에 있는 시계, 학교의 시계까지 모두 정확하게 같아야 한다. 정확한 시간을 어떻게 확인할 수 있을까? 인터넷이나 '116' 전화시보로 알아볼 수도 있지만 이것이 정확한지 어떻게 믿어야 할까? 의심이 꼬리를 물지만, 이것은 정확하게 맞다. 왜냐하면 그것은 한국표준과학연구원이 유지하고 있는 국가시간표준에 의하여 항상 정확하도록 계속 맞추어 주고 있기 때문이다. 이와 같이 우리나라에서 필요한 모든 측정의 국가 표준을 유지 보급하고 이에 관련된 연구를 하는 곳이 한국표준과학연구원이다. 이곳에서는 길이, 질량, 시간, 전기, 온도, 광도 등 약 150여 개 분야의 표준을 유지 보급한다.

○ 과학기술과 국제단위계

국제단위계는 현재 세계 대부분의 국가에서 채택하여 사용하고 있으며, 우리나라는 1964년부터 계량법에 의거하여 이 단위계만 사용하도록 하였다. 국제단위계(SI)는 7개의 기본단위를 바탕으로 이 밖의 다른 모든 단위는 기본단위들로부터 유도되어 편의상 특별한 명칭이 주어져 있다. 국제단위계 단위의 배수는 십진법에 따르고 있고, 이 단위의 배수를 십진법으로 나타내기 위해 20개의 접두어가 사용된다고 한다. 국제단위계의 기본단위의 정의는 과학과 기술의 발달에 따라 바뀔 수 있다. 그 내용을 살펴보자.

첫 번째는 길이 단위인 미터(m)이다. 미터(meter)는 빛이 진공에서 1/299,792,458초 동안 진행한 경로의 길이로, 미터(meter)는 반드시 소문자 m을 사용하여야 한다.

100cm=1m, 1,000m=1km인 것도 알아두자.

두 번째는 시간의 단위인 초(s)이다. 초(second)는 반드시 소문자 s를 사용하여야 한다. 생활 속에서는 60초=1분, 60분=1시간, 24시간=하루로 사용하고 있다. 시간단위 s는 속력을 나타낼 때 길이의 단위 m과 함께 나타내어진다. 예를 들면 1초에 100m의 빠르기는 100m/s로 나타낼 수 있다.

세 번째는 온도의 단위인 켈빈 (K)이다. 켈빈(kelvin)은 열역학적 온도의 단위로 물의 삼중점의 열역학적 온도의 1/273.16이다. 섭씨 온도 0℃는 273.15K이며, 온도 차이를 나타낼 때는 1℃와 1K이 같다. 반드시 대문자 K를 사용하여야 한다.

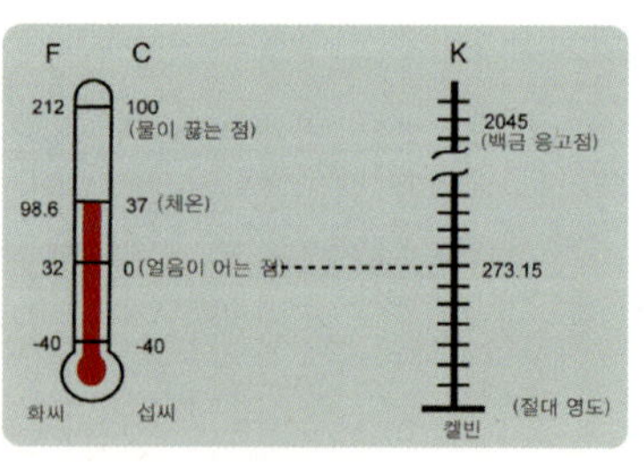

<그림 23> 열역학적 온도의 단위: 켈빈(kelvin)

네 번째 단위는 전류의 단위 암페어(A)이다. 암페어(ampere)는 무

한히 길고 무시할 수 있을 만큼 작은 원형 단면적을 가진 두 개의 평행한 직선 도체가 진공 중에서 1미터의 간격으로 유지될 때, 두 도체 사이에 매 미터당 2×10-7뉴턴(N)의 힘을 생기게 하는 일정한 전류라고 한다. 전류의 단위로 사용되는 암페어는 반드시 대문자 A를 사용하여야 한다.

다섯 번째 단위는 질량의 단위인 킬로그램(kg)이다. 킬로그램(kilogram)은 반드시 소문자 kg을 사용하여야 한다. 참고로 1kg은 1,000g과 같다는 것을 기억해 두자.

여섯 번째 단위는 광도의 단위 칸델라(cd)이다. 칸델라(candela)는 진동수 540×1,012헤르츠(Hz)인 단색광을 방출하는 광원의 복사도가 어떤 주어진 방향으로 매 스테라디안(sr)당 1/683와트(W)일 때 이 방향에 대한 광도라고 한다. 칸델라는 반드시 소문자 cd를 사용하여야 한다.

일곱 번째 단위는 물질량의 단위인 몰(mol)이다.

그리고 다음은 그 외 특별한 명칭을 가진 SI 유도단위들이다.

양	명칭	기호	양	명칭	기호
평면각	라디안	rad	전기저항	옴	Ω
입체각	스테라디안	sr	전기전도도	지멘스	S
진동수	헤르츠	Hz	자기력선속	웨버	Wb
힘	뉴턴	N	자기력선속밀도	테슬라	T
압력, 응력	파스칼	Pa	인덕턴스	헨리	H
에너지, 일, 열량	줄	J	섭씨온도	섭씨도	℃
일률, 전력	와트	W	광선속	루멘	lm
전하량	쿨롱	C	조명도(광조도)	럭스	lx
전위, 전위차, 기전력	볼트	V	(방사선핵종의)방사능	베크렐	Bq
전기용량	패럿	F	촉매활성도	카탈	kat

이것 외에도 소리의 세기인 큰 소리와 작은 소리의 단위는 데시벨 (dB)이다. 정상적인 귀로 들을 수 있는 가장 작은 소리를 0dB로 정하고, 소리가 10배씩 커질 때마다 10dB씩 올려 부르기로 약속했다. 그래서 20dB은 10dB보다 10배 큰 소리를 나타낸 것이다.

여덟 번째 국제단위계는 십진법을 이용하는 10의 배수 나타내기이다. 우리는 생활 속에서 아주 큰 수를 나타낼 때 기록하거나 말하기가 쉽지 않다는 것을 알고 있다. 그래서 그런 수를 10의 거듭제곱수로 나타낸다. 요즘 작은 크기를 말할 때 '나노미터'라는 말을 자주 사용하는 것을 들어보았을 것이다. 1나노미터는 10의 −9제곱만큼 작은 크기를 말하는 것이다. 10의 거듭제곱을 국제적으로 어떻게 통일하여 부르고 있는지 살펴보고 사용해 보자. 아마 여러분이 들어본 단위들도 많이 있을 것이다.

(표현순서는 수, 10의 거듭제곱, 접두어(소리), 기호순이다)

$1\ 000\ 000\ 000\ 000\ 000\ 000\ 000\ 000 = 10^{24}$ 요타 Y

$1\ 000\ 000\ 000\ 000\ 000\ 000\ 000 = 10^{21}$ 제타 Z

$1\ 000\ 000\ 000\ 000\ 000\ 000 = 10^{18}$ 엑사 E

$1\ 000\ 000\ 000\ 000\ 000 = 10^{15}$ 페타 P

$1\ 000\ 000\ 000\ 000 = 10^{12}$ 테라 T

$1\ 000\ 000\ 000 = 10^{9}$ 기가 G

$1\ 000\ 000 = 10^{6}$ 메가 M

$1\ 000 = 10^{3}$ 킬로 k

$100 = 10^{2}$ 헥토 h

$10 = 10^{1}$ 데카 da

$1 = 100$

욕토 y 10^{-24} = 0.000 000 000 000 000 000 000 001

젭토 z 10^{-21} = 0.000 000 000 000 000 000 001

아토 a 10^{-18} = 0.000 .000 .000 .000 000 001

펨토 f 10^{-15} = 0.000 .000 .000 .000 001

피코 p 10^{-12} = 0.000 .000 .000 001

나노 n 10^{-9} = 0.000 .000 001

마이크로 μ 10^{-6} = 0.000 001

밀리 m 10^{-3} = 0.001

센티 c 10^{-2} = 0.01

데시 d 10^{-1} = 0.1

$100 = 1$

○ 올바른 단위 사용

우리 생활 속에서 잘못 사용되고 있는 단위 사용법을 살펴보고 올바른 단위의 사용에 대하여 알아보자. 다음은 기호(단위)의 표기방법을 요약한 내용이니 참고한다.

- 기호는 대문자로 쓰지 않는다. 그러나 단위의 이름이 사람 이름에서 유래한 경우에 한해 기호의 첫 글자를 대문자로 쓸 수 있다. [예. 켈빈의 단위는 기호 K로 표기한다]
- 기호는 복수일 경우라도 표기 방식을 바꾸지 않으며 's'를 붙이지 않는다.
- 기호는 문장의 끝인 경우가 아니라면, 마침표를 쓰지 않는다.
- 몇 개의 단위를 곱하여 조합된 단위는 중간 점을 넣거나 한 칸 띄운다.
- 한 단위를 다른 단위로 나누어 조합된 단위는 사선이나 음의 지수로 표기한다[예) m/s].
- 조합하여 얻어진 단위에는 한 개의 사선만이 허용된다. 복잡한 조합에 대해 괄호 혹은 음의 지수를 사용하는 것은 허용된다.
- 숫자와 기호 사이는 한 칸 띄운다.
- 단위 기호와 단위 이름을 혼용해서는 안 된다.

숫자를 이용한 생활에 단위가 함께 사용된다는 것을 알 수 있었다. 올바른 단위의 사용으로 생활을 좀 더 정확하게 표현해 보자.

○ 단위 속에서 찾은 작은 과학이야기

국제단위계에서 진동의 횟수를 나타내는 Hz(헤르츠)를 살펴보았다. 이번에는 이런 진동의 횟수와 관련된 소리에 대한 작은 과학이야기를 찾아본다. 우리의 생활 속에서 높은 소리와 낮은 소리를 쉽게 만나 볼 수 있다. 노래에도 높은 도와 낮은 도가 있는데, 이런 소리의 높고 낮음은 소리의 진동 횟수와 관련이 있다고 한다. 우리가 들을 수 있는 소리는 1초에 16번 진동(16Hz)하는 것에서부터 1초에 20,000번 진동(20,000Hz=20kHz)하는 것까지인데, 진동수가 많을수록 높은 소리가 난다고 한다. 그리고 진동 횟수가 16Hz(헤르츠)보다 적거나 20,000Hz(헤르츠)보다 많아지면 소리를 들을 수 없다고 한다. 그래서 우리가 들을 수 있는 16Hz에서 20,000Hz까지를 가청(들을 수 있는) 주파수라고 하고, 진동수가 20,000Hz보다 커서 들을 수 없는 소리를 초음파라고 한다. 박쥐의 경우는 눈이 어두운 대신 가청주파수가 1,000~120,000Hz라서 초음파를 들을 수 있을 정도로 귀가 밝다. 박쥐나 돌고래가 잘 볼 수 없음에도 불구하고 마치 눈으로 보는 것처럼 먹이를 잡을 수 있는 것도 이런 초음파를 이용할 수 있기 때문이다. 그럼 생활 속에서 우리 인간이 들을 수 없는 소리인 초음파를 이용한 작은 과학이야기를 찾아보자.

초음파는 '울트라 소닉(Ultra Sonic)'이라는 영어 이름에서도 알 수 있듯이 '아주 강한 소리'라고 생각할 수 있다. 정확하게는 주파수가 아주 높은(주파수가 높다고 해서 소리의 세기가 큰 것은 아니다) 소리이다. 초음파는 주파수가 2만Hz~30MHz(1메가헤르츠=100만 헤르츠) 사이의 소리이다. 병원에서는 인체에 무해하도록 1MHz~20MHz 사이의 초음파를 사용한다. 안경점에서 볼 수 있는 콘택트렌즈 세척기, 겨울이 되면 가정에서 많이 사용하는 가습기, 엄마가 동생을 임신했을 때 뱃속의 아기 모습을 보여 주던 진찰기 등이 초음파를 이용한 예이다.

소리의 파동은 '매질 자체의 떨림'이기 때문에 공기나 액체 또는 고체 매질 없이는 소리 자체가 생길 수도 없고 전파될 수도 없다. 초음파도 소리이므로 매질의 떨림에 의해 전파되는 파동이다.

산 위에서 "야호" 하고 외치면, 그것이 반대쪽 산에서 반사돼 '조금 달라진' 소리로 "야호" 하며 메아리가 되돌아온다. 모든 파동이 그렇듯이 소리도 반사되는 성질이 있는데, 소리(초음파)가 얼마나 빨리 반사돼 되돌아오는지를 계산하면 전방에 어떤 물체가 있는지를 알 수 있다고 한다. 박쥐나 돌고래가 초음파를 이용해서 눈으로 보는 것처럼 먹이를 잡을 수 있는 것도 모두 초음파를 이용하기 때문이다. 또한 반사돼 되돌아오는 소리의 파동 속에서 그 소리를 반사한 물체의 움직임과 종류에 대한 정보도 알아낼 수 있는데, 이것이 초음파로 엄마 뱃속의 아기 모습을 볼 수 있는 원리이다. 태아로부터 반사되어 나오는 음파를 분석하면 뱃속의 아기 모습을 볼 수 있다.

이와 비슷한 원리로, 초음파의 떨림이 액체 속에서 만들어 내는 수많은 작은 기포를 이용해 다른 방법으로는 절대 씻을 수 없는 때를 씻어 내는 초음파 세척기도 있다. 콘택트렌즈 세척기도 같은 원리이다. 또, 초음파의 떨림이 만들어내는 열을 이용해(물체가 진동하면 열이 나지요) 비닐, 반도체 부품의 도선, 귀금속 등의 물건을 용접하는 초음파 용접기도 있다.

자료 출처: 소년한국일보, 한국과학문화재단 내용 발췌 수정

□ 숫자로 표현되는 생활

숫자로 그려진 세상에는 어떤 것이 있을까?

집, 자동차, 학교, 친구, 과자, 컴퓨터, 책, 가방, TV 등 많이 있다. 그곳에는 기업도 있다. 이번에는 기업과 사람에 대하여 알아보자. 그리고 그 기업과 사람이 얻은 소득에 대하여 저축과 세금의 측면에서 살펴보자.

○ 기업과 사람의 능력을 숫자로 나타낼 수 있나요?

세상의 대부분이 숫자로 표현될 수 있다면 경제 주체인 기업과 사람도 숫자로 표현될 수 있는지 한번 알아보자.

기업은 국민경제를 구성하는 기본적 단위로 이윤 획득을 목적으로 하는 독립적인 생산경제 단위이다. 어려운 표현 같지만, 이런 일을 하

는 기업은 여러분 주위에서 쉽게 찾아볼 수 있다. 가까이는 여러분의 부모님이 다니는 회사가 기업이다. 기업은 국민경제를 구성하는 3대 주체인 가계(가정), 기업, 정부 중 하나이긴 하지만 다른 경제 주체보다 중요한 역할을 수행한다. 그 이유는 기업이 생산 주체이고 기업이 생산한 부가가치는 국민소득이 되기 때문이다. 쉽게 풀어보면 기업이 제품을 만들어 시장에 팔아서 이익을 많이 내면 기업에서 일하는 직원들은 이익의 일부를 일한 대가로 지불받는다. 그것은 다시 가계(가정)의 수입원이 되는 것이다. 그리고 정부는 소득을 얻는 기업과 가계로부터 세금을 징수하여 나라를 운영하기 때문에 가계, 기업, 정부의 세 경제 주체 중에서 기업이 중요한 역할을 수행한다고 보는 것이다. 그래서 기업의 성공과 실패는 한 국가의 경제를 흔들 수도 있다. 그렇다면 기업도 숫자로 나타낼 수 있을까?

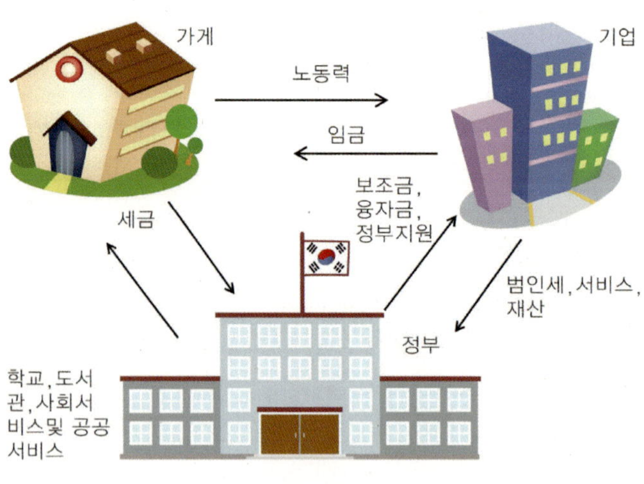

〈그림 24〉 가계, 기업, 정부의 관계

기업의 능력도 숫자로 나타낼 수 있을까?

기업의 능력은 숫자로 나타낼 수 있다. 그리고 그 기업에 대한 정보는 모든 사람들이 다 볼 수 있다. 기업의 능력은 일반적으로 인정된 회계기준(Generally Accepted Accounting Priciples: GAAP) 또는 국제회계기준(International Financial Reporting Standards: IFRS)에 의하여 나타내고 있다. 그리고 정부는 이런 중요한 일을 관리, 운영하는 곳을 두었는데, 그곳이 금융감독원이다.

기업의 능력을 숫자로 어떻게 나타낼까?

기업의 능력을 나타내는 가장 대표적인 지표는 재무제표이다. 재무제표는 기업이 보유하고 있는 자산, 부채, 자본을 화폐 단위로 특정하여 표시하며, 1년 동안의 수익과 비용을 통해 이익이 얼마인지도 보여준다. 이것은 여러분의 가정과도 아주 비슷하다. 여러분 집을 기업이라고 생각한다면, 여러분 집의 자산은 현금, 집, 은행 예금, 자동차 등이 될 수 있을 것이고, 부채는 은행이나 다른 사람에게 빌린 돈을 의미하는 것이다. 수익과 비용은 부모님께서 1년 동안 벌어들인 수입, 지출과 같은 의미로 보면 된다.

이제 기업의 활동을 어떤 기준으로 작성하는지 알아보자. 기업의 능력을 보여주는 지표인 재무제표는 화폐 단위로 측정하여 일반적으로 인정하는 회계기준 또는 국제회계기준에 의하여 작성하도록 하고 있다. 이제 기업의 활동을 어떤 기준으로 작성하는지 알아보자. 기업의 능력을 보여주는 지표인 재무제표는 화폐 단위로 측정하여 일반적으로 인정하는 회계기준 또는 국제회계기준에 의하여 작성하도록 하고 있다. 2011년 우리나라가 전면 도입한 국제회계기준은 국제적 소통의 도구로 세계기업들이 기업의 활동의 보고서를 같은 기준으로 작성하는 것을 말한다. 이것은 기업의 세계적 경영을 보여주는 예로서 많은 기업들이 국내뿐 아니라 다른 나라의 투자자들에게 같은 정보를 제공하기 위한 방법의 하나이다.

회계란 이런 기업의 재무 능력 등을 화폐 단위로 측정하여 일정 규정에 의하여 나타내는 것을 말한다. 이런 일을 하는 직업에는 회계사와 세무사가 있다.

외감법에서는 자산총액이 100억 원 이상인 주식회사는 그들의 재무제표를 공인회계사에게 반드시 감사를 받도록 하고 있다. 이것은 증권시장의 참여자들을 보호하는 차원에서 이루어진 제도이다. 감사인은 기업의 재무제표를 감사하고 적정(unqualified opinion), 한정(qualified opinion), 부적정(adverse opinion), 의견 거절(disclaimer of opinion) 등의 의견을 제시한다. 만약에 감사인이 부적정 의견을 제시한다면 그 기업의 활동과 능력이 화폐 단위로 작성은 되었으나 일반적으로 인정하는 회계 기준에 어긋난다는 것을 의미하는 것이어서 시장에서 더 이상 증권 거래를 할 수가 없게 된다. 이것을 '상장이 폐지된다'라고 한다. 청과물 시장과 비교해 본다면 신선한 제품을 팔지 않거나, 부정한 거래를 하는 시장 상인은 그 시장에서 거래를 할 수 없는 것과 같은 것이다. 좀 복잡해 보이지만 기업의 능력을 숫자로 나타내는 것이 가능하다는 것을 이제는 알 수 있을 것이다.

○ 사람의 능력도 숫자로 나타낼 수 있나요?

현대사회에서 많은 것들을 화폐 단위로 측정하여 나타낼 수 있다. 하지만 사람의 능력은 숫자로 나타내기 어렵다. 그 이유는 숫자로 나타내기 위해서는 그들의 가치에 대하여 화폐 단위로 측정이 가능해야 하는데, 사람에 대해서는 화폐 단위로 측정이 어렵기 때문이다. 누군가가 예쁘다고 말할 때, 그것은 기준이 너무 모호하고 사람마다 그 잣대가 다르다. 이처럼 그 사람이 가진 능력은 서로 쓰이는 곳과 그들이 있는 장소에 따라서, 혹은 현재의 심리상태에 따라서 다르게 나타날 수 있기 때문에 화폐 단위로 측정하기 어렵다. 즉, 인간의 능력을 측정하는 것이 어려운 가장 큰 이유는 그것을 일반화하기가 어렵기 때문이다. 일반화한다는 것은 누군가가 한 사람의 능력을 측정하였다면 모든 사람이 그 부분을 동의할 수 있어야 한다는 뜻이다. 그래서 사람의 능력을 숫자로 나타내어 기업이 가지고 있는 자산으로 표현하기는 불가능하다. 하지만 우리가 사는 세상에서는 이렇게 말은 하고 있지만, 여전히 사람을 시험 성적이나 재산 상태 등으로 평가하기도 한다. 측정하기 어려운 것을 평가할 수 있을까? 그 대표적인 예가 사람마다 직장을 들어가면 급여가 다르다는 것이다. 인간의 능력은 화폐 단위로 측정이 어렵다고 하면서 왜 측정이 된 값으로 월급을 받고 있는 것일까? 참 어려운 문제이다. 이 부분에 대한 생각은 여러분이 스스로 해결해 보기 바란다. 하지만 분명한 것은 기업의 자산에는 사람의 능력이 포함되지를 않는다. 그것은 화폐 단위로 측정이 불가능하기 때문이라는 점을 기억해 두자.

○ 개미와 베짱이의 세상에서 보는 저축 이야기

개미는 성실함과 부지런함의 상징이다. 잘록한 허리와 가느다란 다리로 얼마나 열심히 일을 하는지. 한여름 뜨거운 뙤약볕 아래에서도 겨울 준비에 분주하지. 암개미는 쇼핑도 하지 않고 언제나 똑같은 옷을 입고 헤어스타일도 그대로야. 그녀는 예뻐지고 싶지 않은 걸까? 쉬고 싶지도 않은 걸까? 도대체 일하고 벌어들인 수입은 어디에 쓰는 것일까?

베짱이: 개미 님, 당신은 무엇 때문에 일을 하나요? 즐거운 삶을 위해서 일을 해야 하는데, 그렇지 않나요? 쉬지 않고 일만 하면서 사는 것이 재미가 있나요?

개미: 추운 겨울이 되기 전에 가족이 모두 자기 방이 있는 큰 집으로 이사를 하려고 해요. 그렇게 하자면 아직 많은 돈이 필요하답니다. 힘이 들지만, 가족들과 함께 걱정 없이 겨울을 날 생각하면 참고 견딜 수가 있어요.

베짱이: 무엇 때문에 참고 견디세요? 이렇게 작은 집에 살아도 행복한데.

개미: 미래에는 어떤 일이 생겨날지 모른답니다. 미리미리 준비하지 않으면, 큰 위험에 대처할 수 없게 되어 가족이 불행해질 수도 있지요.

베짱이: 위험을 너무 빨리 걱정하는 것은 옳지 않아요. 쉬엄쉬엄 쉬어가면서 하세요. 내일은 우리 베짱이들의 연주회가 있으니, 하루 쉬면서 구경 오세요.

개미: 베짱이 님은 겨울을 위해서 저축을 하지 않나요? 늘 멋진 옷과 새 기타를 사면 겨울 준비는 언제 하나요?

베짱이: 우리는 수입 중에서 90%를 소비하고 10%는 저축한답니다. 그것도 남지 않으면 못하지요. 언제나 소비를 먼저하고 남는 것을 저축해요. 아이들도 가지고 싶은 것이 너무 많아요. 안 사줄 수는 없잖아요.

개미: 어머나, 저축이 적으면 겨울엔 어떡하지요? 먹을 것을 장만
하기에도 부족하겠는걸요.

개미는 참 걱정이 많아 보여 걱정쟁이라고 부르고 싶지만, 계획쟁이라고 부르는 편이 훨씬 듣기 좋을 듯 보인다. 상대방이 원하는 듣기 좋은 이름으로 불러주는 것도 예의지. 그렇다면 베짱이는 어떤 별칭이 좋을까? 낭비쟁이? 좀 더 듣기 좋은 것은 없을까? 새 옷과 음악을 좋아하는 걸 보면 세련되고 낭만적일 테니, 멋쟁이가 좋겠다. 그럼 개미는 계획쟁이, 베짱이는 멋쟁이라고 부르기로 하자. 이렇듯 계획쟁이와 멋쟁이의 생활 방식은 보는 사람에 따라 다르게 보일 수도 있다.

베짱이의 삶은 현대를 충실히 살고 있는 청소년들의 모습과 많이 닮아 보인다. 그리고 개미의 삶은 70~80년대 나라 경제를 살리기 위해 허리띠를 졸라매고 열심히 살아온 우리의 부모님들의 삶과 참 많이 닮았다. 부모님들은 자기 꿈보다 겨울을 나야 하는 자식들을 먼저 생각하고, 먹고 살기 위해서 열심히 일했다. 그들은 일하고 그 수입의 많은 부분을 저축하여 자식들의 뒷바라지에 사용하였다. 그래서 우리가 지금의 대한민국에서 살 수 있게 되었다는 것을 여러분은 알고 있는지⋯⋯. 오늘날에는 계획쟁이 개미와 멋쟁이 베짱이의 삶에서 누가 옳고, 누가 그른가를 밝히기는 어렵다. 개미처럼 계획성 있게 사는 모습도 옳지만, 베짱이처럼 자신의 삶을 즐겁게, 자기의 꿈을 위해서 많은 것을 투자하는 것도 틀린 것은 아닐 것이다. 하지만 미래를 위한 준비에는 저축이라는 중요한 단어가 있음을 기억해 두자.

자, 그럼 숫자로 표현하는 생활에서 저축에 대하여 알아보자.

회사에서 일하시는 아버지는 매달 월급을 받는다. 이것을 소득이라고 한다. 여러분의 경우는 매달 부모님께 받는 용돈을 소득이라고 볼 수 있다. 소득을 가진 사람은 이것을 소비하거나 저축하는데, 3대 경제 주체인 기업이 생산한 생산품을 가계의 구성원인 우리들이 구입하는 것이 소비하는 것이다. 그리고 일부분은 은행 같은 곳에 예금을 하는데, 이것을 저축이라고 한다. 그래서 소득은 소비와 저축의 합으로 나타낼 수 있다. 그렇다면 여러분은 소비를 먼저 해야 할까? 저축을 먼저 해야 할까? 즉, 갖고 싶은 것을 사고 남은 것을 저축할 것인가, 저축을 먼저 하고 남은 돈으로 사고 싶은 것을 살 것인가 하는 것이다. 소득의 사용 방법은 사람들 각자가 가지고 있는 가치관에 따라서 달라질 수 있다. 하지만 돈을 많이 모으려면 소비보다 저축을 먼저 하는 것이 좋다. 물론 일을 하여 돈을 버는 것은 소비를 위한 것이고, 이것은 다시 우리 경제를 원활하게 돌아갈 수 있게 하지만, 저축도 매우 중요한 역할을 한다. 저축은 작은 것으로 할 수 없는 큰일을 이루게 해 준다. 우리가 저축한 돈은 은행에서 다시 기업에게 빌려주어 기업이 새로운 기계와 사업에 투자할 수 있는 기회를 제공한다. 그래서 소비와 저축은 모두 중요하다고 할 수 있다. 하지만 소비를 먼저 하고 남은 돈을 저축하려면 많은 돈을 저축하기는 어렵기 때문에 저축을 많이 하기 위해서는 저축에 대한 계획을 세우고 그 계획에 따라 저축을 한 다음 남은 돈으로 소비를 하면 좋다.

여러분은 왜 저축을 해야 할까?

첫 번째는 갖고 싶은 것을 사기 위해서 저축을 할 것이다. 그렇다면 그것에 대한 계획을 세워보자. 예를 들어 이솝우화에 나오는 베짱이처럼 멋진 기타를 갖고 싶다면, 계획을 세워야 한다. 정확하게 내가 갖고 싶은 기타가 어떤 것인지 디자인, 크기와 가격 등을 구체적으로 숫자로 적어보아라. 그리고 그것에 대한 사전 조사를 해야 한다. 갖고 싶은 기타의 가격이 10만 원이라면 여러분은 매달 1만 원씩 10개월을 저축해야 할 것이다. 계획대로 실천한다면, 열 달 후에는 멋진 기타를 가질 수 있을 것이다.

하지만 이 경우 여러분은 기회비용이라는 중요한 단어를 하나 배울 수 있다. 여러분이 기타를 사기 위해 매달 영화 1편씩 보던 것을 포기했다면 이것을 기회비용이라고 한다. 기회비용은 어떤 한 가지를 선택하기 위해 포기해야 하는 것을 말하는 것이다. 개미와 베짱이의 이야기에서 개미는 겨울에 먹을 음식을 준비하기 위해 여름내 나무 그늘에서 시원하게 노는 것을 포기해야 해서 개미가 포기한 나무 그늘을 기회비용이라고 할 수 있다.

저축을 하는 두 번째 이유는 불행한 일에 대한 위험을 대비하기 위한 것이다. 이 경우는 부모님들이 많이 하고 있을 것이다. 우리 부모님들은 미래의 위험에 대비하여 저축을 하거나 보험을 넣어둔다. 혹시 사고가 나서 다치거나 병이 생길 때를 대비하고, 여러분 가정에 필요한 자금을 미리 준비하기 위해서이다. 혹시 여러분도 통장이 있다면 꺼내보자. 단지 숫자들이 적혀 있을 뿐인데 숫자들이 점점 커지면 기분이 좋아질 것이다. 그것은 저축을 통해서 수가 커진다는 것은 여러분이 할 수 있는 일이 많아진다는 것을 보여주는 것이기 때문이다. 우리의 생활 속에 숫자는 이렇게 소비와 저축으로 표현되고 있다. 단지 숫자일 뿐인 건 아니라는 것이다. 숫자들은 많은 의미를 가지고 있기 때문에 통장의 숫자는 여러분의 기분을 달라지게 할 수 있는 것이다. 그렇다면 저축은 어디에 하는 것이 좋을까? 집에 있는 돼지저금통이나 서랍도 좋지만, 저축은 은행에 하면 좋다. 왜냐하면 은행에 저축을 하면 돈이 돈을 낳아서 저축한 금액보다 많아진다. 은행에서 저축에 대한 이자를 지급하기 때문이다. 기억해 두자.

그럼, 이번에는 어린이 경제동화인 『열두 살에 부자가 된 키라』의 주인공인 키라의 저축방법을 함께 배워보자. 열두 살 키라는 저축을 위해서 먼저 자기가 돈을 모아야 하는 열 가지 이유를 기록하고, 그 열 가지 이유 중에서 중요한 것 세 가지를 골라서 동그라미를 친다. 그리고 자신의 소원에 대한 그림을 그리거나 사진을 구해서 책상에 붙여 놓는다. 예를 들면 자전거 사진을 구해 책상에 붙이는 활동을 한 것으로 보인다. 그리고 좀 전에 동그라미 쳐 놓은 세 가지 소원을 마지막으로 재검토하여 두 개를 골라 소원 상자를 만든다고 한다. 그리고 용돈 일만 원을 받으면 두 개의 소원 상자에 각각 3,000원씩 넣고 4,000원은 저축한다. 돈을 사용해야 할 곳이 생기면(소비) 저축 부분에서 꺼내서 사용한다. 그렇다면 키라는 군것질이나 놀이에 돈을 사용하지 않을까? 열두 살에 부자가 된 키라는 불필요한 곳에 돈을 사용하는 것을 최대한 자제하였다고 한다. 그리고 키라는 매일매일 성공일지를 쓴다. 성공일지에는 자기의 행동 중에서 성공한 모든 것은 기록한다고 한다. 이것은 키라에게 자신감을 높여주는 효과가 있어서 계획된 저축을 더 잘할 수 있게 해 준다고 한다. 여러분도 키라의 저축법을 따라 해 보는 것은 어떨까?

○ 공자가 말하는 세금 이야기

숫자로 표현되는 생활에는 세금을 빼놓을 수 없다. 청소년들은 세금과는 무관한 것처럼 보이지만, 세금은 보이지 않는 곳에서 여러분과 늘 함께하고 있다. 그럼 세금 이야기로 들어가 보자.

앞에서 우리는 경제를 구성하는 3대 경제 주체가 가계, 기업, 정부라는 걸 배웠다. 그중에서 정부는 가계에 세금을 징수하고 학교, 도서관, 도로 등의 사회 서비스를 제공하는데, 정부는 세금을 우리에게서 어떻게 징수하고 있는 것일까? 세금은 소득이 생기는 모든 경제 실체에게 부과된다. 우리의 부모님들은 일한 대가로 월급을 받는데, 이때 세금을 공제한다. 이것은 국가로 들어간다. 물론 기업도 이익이 생기면 세금을 낸다. 개인의 소득에 대한 세금은 소득세라고 하고 기업의 이익에 대하여 내는 세금은 일반적으로 법인세라고 한다. 이런 세금들은 국민들을 위한 학교, 도서관, 도로 등 공공의 사회 시설을 통해 국민들에게 사용된다. 소득세는 직접 경제 실체에 부과한다고 해서 직접세라고도 한다. 하지만 세금 중에는 자신이 알지도 못한 채 간접적으로 세금이 부과되어 우리가 납부하게 되는 경우가 있는데, 이런 세금을 간접세라고 하며 대표적인 것이 부가가치세이다. 우리가 소비 생활을 하면서 모르는 사이에 세금을 내게 되는 경우이다. 그래서 소비세라고도 부른다. 여러분이 자판기에서 음료수를 사 먹었을 때도 세금은 납부되는 것이다. 음료수값의 10%는 부가가치세로 여러분이 음료수를 사면서 자연스럽게 부담하게 된 세금이라고 할 수 있다. 물론 세금의 납부는 음료수를 판매하였던 자판기 운영업자가 대신 납부해 준다. 이렇게 간접세인 부가가치세는 여러분이 옷이나 신발을 사거나 외식을 할 때도 자신도 모르는 사이에 세금을 납부하게 되는 것이다. 혹 호텔 레스토랑에 가보았다면 메뉴판에서 음식값 하단에 부가세 별도라는 글을 보았을 것이다. 그것은 그 메뉴판의 음식값 외에 여러분이 10%의 세금을 더 지불해야 한다는 것을 의미한다. 일반적으로는 이런 문구 없이 음식값에 부가가치세가 포함되어 있다. 하지만 부가가치세와 같은 간접세는 세금을 징수하는 정부 입장에서는 세금에 대한 거부감을 최소화하면서 쉽게 징수할 수 있는 장점이 있지만, 세금을 부담하는 우리들에게는 아주 큰 부담이 되는 것이 사실이다. 소득이 없는 사람도 세금을 내는 것과 같기 때문이다. 즉, 가난한 사람과 부자가 똑같이 세금을 부담하는 것이므로 가난한 사람들에게는 특히 부담이 되는 세금이라고 할 수 있다.

세금은 소득이 많은 사람은 많이 내고 소득이 적은 사람은 적게 내어야 공평할 것이다. 물론 소득세는 그렇게 부과가 되고 있지만, 부가가치세와 같은 간접세는 그렇지 못해서 형편이 어려운 서민들에게는 특히 삶에 큰 부담되는 세금이다. 예로부터 세금이 호랑이보다 더 무섭다는 말이 있다.

다음은 공자가 어려운 노나라를 떠나 제나라로 가던 중에 있었던 일화이다.

초라한 세 개의 무덤 앞에서 울고 있던 한 여인을 만났다. 사연을 물으니 호랑이가 시아버지, 남편, 아들을 모두 잡아먹었다는 것이었다. 이에 공자가 '그렇다면 이곳을 떠나서 사는 것이 어떠냐?'라고 묻자 여인은 '여기서 사는 것이 차라리 괜찮습니다. 다른 곳으로 가면 무거운 세금 때문에 살 수가 없습니다'라고 대답하였다. 이에 공자가 "가혹한 정치는 호랑이보다도 더 무섭다는 것을 알려주는 말이로다"라고 하였다.

교육방송 EBSi 2012년 3월 고1 전국연합학력고사 국어영역 문제에서 발췌 이때도 세금은 서민들의 삶에 큰 부담이 되었고 그것을 징수하는 징수관들의 횡포는 사람들을 산으로 들어가 살게 하였던 모양이다. 이렇듯 세금은 인간의 경제 활동이 시작된 이래로 지금까지 우리의 삶을 함께해 오고 있는 숫자 생활의 하나라고 할 수 있다.

생활 속에서 재미난 세금 이야기를 한번 찾아본다.

첫 번째는 경품 당첨의 경우이다. 재미돌이 D군 가족은 마트에 쇼핑을 갔다가 30만 원 상당의 경품에 당첨되었다. 이때도 세금을 내야 할까? 내야 한다. 이것은 기타소득이라고 해서 경품을 받을 때 세금을 내야만 제품을 수령할 수 있다.

두 번째는 공짜로 주운 야구공에 대한 세금 이야기이다. 2003년 10월 2일, 롯데와 삼성의 프로야구 정규 리그 마지막 경기가 열린 대구 구장 외야석은 이승엽 선수의 56호 홈런볼을 잡기 위해 기다란 잠자리채를 든 관중들로 가득 찼다고 한다. 왜냐하면 이승엽 선수의 홈런볼에는 막대한 경제적 가치가 걸려 있기 때문이었다. 56호 홈런에 앞서 이승엽 선수의 최연소 300호 홈런볼은 무려 1억 2,000만 원에 팔렸기 때문이었다. 홈런볼을 주운 이는 시중가 5,000원 정도에 불과한 야구공 하나로 1억 원이 넘는 횡재를 얻는 것이다. 자, 그럼 세금 이야기인데, 모든 소득이 있는 곳에 세금이 있어야 한다고 했으니 이 경우 주운 공에도 세금이 부과될까? 놀랍게도 이 경우에는 세금을 한 푼도 내지 않았다고 한다. 왜냐하면 주인이 없는 공을 주운 경우는 세금의 부과기준이 취득시점의 구입가격으로 홈런볼의 구입가격이 5,000원에 불과하기 때문에 사실상 세금을 부과하는 것이 의미가 없었다고 한다. 세금에 대한 재미난 이야기들은 다음에 기회가 된다면 많이 나누기로 하자.

숫자로 표현되는 생활에서는 숫자의 탄생, 숫자로 표현하기 위한 단위 이야기, 사회 속에서 찾은 기업과 사람에 대한 숫자 표현 이야기, 저축 이야기, 세금 이야기 등을 통하여 우리 생활 속에 깊숙이 자리한 숫자 생활을 알아보았다. 숫자들의 올바른 이해와 사용을 통하여 생활을 좀 더 자세하고 폭넓게 표현할 수 있기를 바란다.

마지막으로 함께 나누는 활동 '자전거로 떠나는 여행'을 통하여 단위를 이용한 거리, 시간, 속력의 관계를 숫자로 표현해 보고, 여행 경비 마련을 위한 저축도 계획해 보기 바란다. 생활에 유익한 정보가 되기를 기대한다.

자전거로 떠나는 여행

자전거 여행을 계획해 보자. 이 여행을 통해 거리, 시간, 속력의 관계와 단위를 함께 알아가기 바란다. 이 활동은 여러분의 생활에서 거리, 시간, 속력을 나타내는 법을 익히기에 유용할 것이다. 각 지역별 거리를 알아보고, 속력의 변화에 따라 걸리는 시간이 다름을 직접 확인해 본다. 물론 여행경비도 여러분 스스로 마련해 보자.

자전거로 경상북도 지역을 여행하고자 한다. 어느 지역으로 먼저 떠나볼까? 경상북도 수목원으로 가보자. 그곳까지 거리는 얼마일까?

자전거로 가면 몇 시간이나 걸릴까?

승용차로 간다면 훨씬 빠르겠지. 경상북도 내 각 지역별 거리를 알아보고 걸리는 시간을 구해보자. 그리고 구체적인 여행 계획을 세워보자. 거리와 시간을 구하고 기록할 때는 단위를 사용해야 되는 것도 잊지 말자.

◉ **여러분이 여행하고 싶은 지역 또는 여러분이 살고 있는 지역의 지도를 준비한다.** 임의로 경상북도를 중심으로 이야기를 풀어나간다. 여러분은 각자가 정한 지역을 중심으로 활동하자.

[1] 경상북도에는 어떤 곳들이 있을까?

경상북도에서 가보고 싶은 곳을 알아보자.

〈그림 25〉 경주불국사

〈그림 26〉 경상북도 수목원

여러분이 선택한 곳 '경상북도 수목원'까지의 거리와 시간을 계산해 보자(관광 명소 홈페이지나 지도, 인터넷 길 찾기 등을 통하여 알아볼 수 있다).

속력은 거리를 시간으로 나누어서 구하는 것이어서 속력의 단위는 거리의 단위인 m(km)와 시간의 단위인 s(초)[m(분), h(시간)]를 이용하여 5m/s로 나타낸다.

1. 거리 34.21km, 속력 시속 15km일 때 (자전거로 갈 경우) 걸리는 시간은?
   (34.21km/15km/h=2.28시간)

2. 거리 34.21km, 속력 시속 50km일 때 (승용차로 갈 경우) 걸리는 시간은?
   (34.21km/50km/h(1분에 0.83km)=41분)

3. 각 지역별 거리와 걸리는 시간을 구해 보자.

<table>
<tr><td colspan="4">경상북도(출발지는 포항 시청 기준, 거리는 자전거도로 기준, 시간은 네이버 기준)</td></tr>
<tr><td>지역</td><td>거리(km)</td><td>자전거(15km/h)</td><td>승용차(80km/h)</td></tr>
<tr><td>경주 불국사</td><td>40.30</td><td>2시간 42분</td><td>1시간 4분</td></tr>
<tr><td>청송 주왕산</td><td>77.43</td><td>5시간 10분</td><td>1시간 50분</td></tr>
<tr><td>문경 오미자마을</td><td>177.93</td><td>11시간 52분</td><td>2시간 53분</td></tr>
<tr><td>안동 하회마을</td><td>177.78</td><td>-</td><td>2시간 22분</td></tr>
<tr><td>울진 성류굴</td><td>117.55</td><td>7시간 51분</td><td>2시간 31분</td></tr>
<tr><td>영덕</td><td></td><td></td><td></td></tr>
<tr><td>봉화</td><td></td><td></td><td></td></tr>
<tr><td>·</td><td></td><td></td><td></td></tr>
<tr><td>·</td><td></td><td></td><td></td></tr>
</table>

[2] 여행을 하려면 돈이 필요하다. 여러분은 이 경비를 만들기 위해 여러분만의 저축법을 계획해 보자(얼마 동안 얼마씩 어떤 방법으로 저축할 계획인지 적어 본다).

[3] 여러분이 여행 중에 길이나 사람들을 만나면서 접하게 될 단위들은 어떤 것들이 있을까?

[4] 혹시 여러분이 이 여행에서 자신도 모르는 사이에 부담한 세금이 있지는
않았을까 생각해 보자.

[5] 시간과 속력에 대한 추가적인 자료를 찾아봅니다.

시간을 나타내는 단위는 s입니다(반드시 소문자 s를 사용하여야 한다).
(1시간=60분=3,600초, 1/2시간=30분)

거리를 나타내는 단위는 m을 사용합니다(반드시 소문자를 사용하여야 한다).
(100cm=1m, 1,000m=1km)

속력을 단위로 나타내는 방법
속력은 거리를 시간으로 나누어서 구할 수 있다. 속력(빠르기)의 단위는 그래
서 거리와 시간을 함께 나타낸다(예: 50m/s).

수학, 과학으로 풀어보는 속력 이야기

속력이 일정한 경우
－이동 거리=속력*시간
－걸린 시간=이동 거리/속력
－속력=이동 거리/걸린 시간

속력이 변하는 경우
평균 속력=전체 이동 거리/걸린 시간
＝(처음 속력+나중 속력)/2 －> 속력이 일정하게 증가하는 경우

더 알아보기

1. 오채환,『오일러가 들려주는 수의 역사 이야기』(주)자음과 모음(2008)
2. 정철진,『아이의 경제력』21세기북스(2009)
3. 김상헌,『경제야 놀자』평단(2007)
4. 보도 섀퍼,『열두 살에 부자가 된 키라』을파소(2001)
5. 한국표준과학연구원(http://www.kriss.re.kr)
6. 경상북도 홈페이지(http://www.gb.go.kr)
7. 경상북도 수목원 홈페이지(http://www.gbarboretum.org)

□ 인류 역사상 가장 위대한 3대 발명품은 무엇일까?

인류 역사상 가장 위대한 3대 발명품은 불, 수레바퀴 그리고 돈이라고 한다.

돈은 거래를 쉽고 빠르게 만들어 주었을 뿐 아니라 거래비용도 줄여 인간의 경제생활에 혁신을 가져다주었다. 오늘 여러분이 한 일들을 따라가 보면서 그 중요성을 함께 생각해 보자.

여러분은 필요한 물건이 있을 때 친구에게 빌리기도 하고 또는 다른 것과 바꾸기도 할 것이다. 하지만 대부분의 경우는 돈을 주고 필요한 물건을 샀을 것이다. 등굣길에 문구점에 들러 노트나 도화지를 샀을 수도 있고 학교를 마치고 돌아오는 길에 분식점에 들러 떡볶이를 사 먹기도 했을 것이다. 그때 우리는 노트와 떡볶이를 가지는 대신에 무엇인가를 지불해야 하는데, 여러분은 돈을 사용했을 것이다. 여러분은 자신이 가지고 있는 다른 물건과 바꾸어도 되었을 텐데, 돈으로 지불한 이유는 무엇일까? 분명 다른 방법이 있었을 텐데도 돈으로 지불한 이유는 여러분은 문구점의 노트가 필요하였지만 문구점 주인은 여러분이 가지고 있는 그 어떤 물건도 필요하지 않거나 노트와 바꾸고 싶은 것이 없었기 때문일 것이다. 즉, 서로에게 필요한 것이 없으면 거래(교환)는 이루어지지를 않는다. 이런 문제를 해결한 것이 돈이다. 돈이라는 교환의 매개체가 없었다면 여러분은 노트도 사지 못했을 것이고, 떡볶이도 사 먹을 수가 없었을 것이다. 돈은 거래를 쉽고 빠르게 이루어지게 만들어 줄 뿐만 아니라 거래비용도 줄여준다. 만약 돈이 없었다면, 필요한 물건을 가진 사람을 찾아가야 하므로 물건을 교환하고자 하는 사람들 간의 거래비용도 많이 발생할 것이다. 이러한 이유로 돈을 불과 수레바퀴와 함께 인류 역사상 가장 위대한 3대 발명품으로 꼽는 것이다.

그럼 돈은 언제부터 생겨났을까?

돈이 생겨난 이야기와 돈으로 사용할 수 있는 것들에 대해 알아보자.

□ 화폐는 언제 어떻게 만들어졌을까?

우리가 일반적으로 말하는 돈은 사물의 가치를 나타내고, 물건의 교환 매개체이며, 재산 축적의 대상이 되기도 한다. 우리는 돈을 일컬어 화폐라고 부른다. 그리고 세상에 있는 많은 사물을 인식하고 측정할 때 화폐 단위를 사용한다. 즉, 화폐 단위로 측정이 가능해야만, 그 자산의 가치를 인식하는 경우가 많다. 그러나 사람 등과 같은 무형자산은 화폐 단위로 나타내기가 어려운 문제가 있다. 일반적으로는 사물의 가치를 화폐 단위로 인식하고 그 인식된 가치에 대하여 교환이 이루어지고 있다. 현대사회에서의 화폐는 그래서 중요한 의미를 가진다. 그렇다면 현재 우리가 사용하는 화폐는 언제부터 만들어져서 사용되어 왔을까?

화폐가 없던 옛날에는 필요한 물건이 있으면 직접 구해야 했을 것이다. 그래서 바닷가에 살던 사람들과 산에 살던 사람들은 서로 만나 물건을 바꾸었을 것이다. 그러나 물물교환은 서로 만나기 위해 많은 시간이 걸렸고 그 시간 동안 물고기와 과일들은 상해 버려서 바꿀 수 없게 되기도 하였을 것이다. 물론 무거운 물건은 가지고 다니기도 너무 불편했을 것이다. 그래서 많은 사람들은 누구나 쉽게 구할 수 없는 것이면서 가지고 다니기도 편하고 오랫동안 보관할 수 있는 조개나 곡식 같은 것을 사용하여 필요한 물건을 주고받았는데, 이것이 고대 사회에서 시작된 물품화폐이다. 물품화폐에는 곡식과 조개 외에도 가축, 농기계, 모피, 장식품 등이 있었다. 물품화폐의 사용 방법은 필요한 물건이 있으면 자신이 가지고 있는 사과를 내다 팔고 그 대가로 쌀을 받은 다음에 생선 장사에게 가서 쌀을 주고 물고기를 사는 것을 말한다. 이때 쌀이 교환의 매개수단이 되므로 쌀이 지금의 돈이었다고 말할 수 있을 것이다. 즉, 사람들이 처음으로 사용하기 시작한 돈이 물품화폐라고 보면 된다.

<그림 13> '볍씨가 담긴 항아리'는 물품화폐의 대표적인 곡물에 대한 그림이다. 곡물은 국가에 대한 세금과 지불 수단으로 통용되었다고 전해진다. 그 예로 고구려시대 고국천왕은 194년 진대법을 실시하여 해마다 3월에서 7월까지 관청에서 곡식을 백성들에게 지급하고 10월 수확기에 갚게 하였다고 한다. 가난한 백성들이 노비가 되어 세금 수입원이 줄어드는 것과 굶주림을 막기 위해서였다. 곡식을 세금

으로 납부하였던 것으로 보아 이 시대에도 곡식이 물품화폐로 사용되었음을 알 수 있다. 물물교환이 활발해지면서 이 물품화폐들은 좀 더 가볍고 편리하면서 썩지 않는 것들로 바뀌게 되었다. 쌀과 소금 같은 물품화

〈그림 27〉 볍씨 담긴 항아리

폐는 보관도 어렵고 너무 무거워서 가지고 다니기도 불편했기 때문이다. 예를 들어 쌀 같은 경우는 오래 보관하다 보면 벌레가 생겨서 가치가 떨어져 버렸다. 그래서 생각해 낸 것이 금과 은 같은 귀금속이었고 이런 귀금속은 작고 가벼워서 보관과 이동은 쉬웠지만 매장량이 한정되어 있다는 단점이 있었다. 그 이후에 종이로 만든 돈이 만들어졌다. 종이는 금이나 은과는 달리 돈을 만드는 재료가 부족해질 걱정도 없으면서 귀금속보다 더 가벼워서 보관과 이동이 훨씬 쉬워졌다. 이렇게 지폐를 돈으로 사용하기 시작한 것은 불과 300년 전이었다고 한다. 하지만 이 종이돈인 지폐는 가짜 돈이 가끔 만들어져 시장에 유통되어서 문제가 되고 있다. 흔히들 위조지폐라고 하는데, 이런 문제점을 보완하기 위해서 지폐 속에는 우리가 잘 알지 못하는 과학적 표식이 많이 숨어 있다. 돈은 이렇게 시대가 바뀌면서 함께 변화해왔다. 즉, 과학의 발전과 사회 환경의 변화는 앞으로도 사람들로 하여금 보다 편리하고 효율적인 것을 발견하게 할 것이고, 그것을 새로운 돈으로 사용하게 될 것이다. 현대에도 정보기술의 발전과 함께 전자화폐가 등장하여 새로운 화폐로 유통되고 있다.

○ 화폐는 어떤 일을 할 수 있을까?

화폐가 만들어지기 전의 최초의 교환은 물건과 물건을 바꾸는 물물교환이었다. 그 후 물물교환의 불편함은 화폐를 만들어내게 된다. 그렇다면 이렇게 만들어진 화폐들은 어떤 일을 할 수 있을까? 영국의 동화 '잭과 콩나무' 이야기 속으로 들어가서 화폐가 어떤 일을 해야 하는지를 알아보자.

어느 작은 마을에 잭이라는 소년이 어머니와 둘이서 살고 있었어요. 어느 날 잭은 병든 어머니를 대신해서 젖소를 팔러 가던 길에 한 할아버지를 만나 젖소와 신기한 콩을 바꾸게 되는데, 이것이 바로 물건과 물건을 바꾸는 물물교환입니다. 겨우 작은 콩 한 개와 젖소를 바꾼 잭은 제대로 된 교환을 한 것일까요? 그 콩이 신기한 콩이라고 할아버지가 말씀하셨기 때문에 콩의 가치가 얼마인지 알 수는 없지만 젖소를 콩으로 바꾸어 집으로 돌아온 잭을 본 어머니는 화를 내셨답니다. 이 이야기에서 알 수 있는 사실은 물물교환은 합리적이지 못하고 불편하다는 것이에요. 팔 물건을 직접 들고 다녀야 하는데, 젖소는 운반이 쉽지가 않겠지요? 그리고 서로의 가치가 다를 때는 교환이 쉽게 이루어지지 않는답니다. 잭도 처음에는 젖소랑 콩을 바꾸는 것을 많이 망설였어요. 왜냐하면 잭이 보기에도 젖소와 콩은 서로가 가진 가치가 달랐기 때문일 겁니다. 하지만 할아버지가 신기한 콩이라고 하는 말에 솔깃하여 교환이 이루어진 것이지요. 집으로 돌아온 잭은 콩을 심었고 그 콩나무는 크게 자라서 하늘나라 거인의 집까지 연결되고 맙니다. 잭은 하늘나라 거인의 집에서 금화가 든 자루와 황금알을 낳는 암탉을 가져오지만, 잭은 열심히 일하지 않고 놀기만 하면서 그것들을 다 써버리지요. 저축을 했더라면 얼마나 좋았을까요? 힘들고 어려운 일이 있을 때를 대비해서 모아두었더라면 좋았을 텐데, 결국 잭은 또다시 거인의 집으로 물건을 훔치러 가게 됩니다.

이 동화는 콩과 젖소를 바꾸는 이야기로 화폐가 교환의 중개 역할을 해야 함을 말해준다. 그리고 콩과 젖소라는 가치 있는 물건의 교환을 중개해야 하므로 가치를 나타내는 역할도 해야 한다는 것을 알려주고 있다. 자, 그럼 화폐가 하는 일을 구체적으로 알아보자.

화폐는 물물교환의 불편함을 없애고 교환을 보다 쉽게 하기 위해서 만들어졌다. 그렇다면 화폐의 가장 중요한 기능은 **교환을 중개하는 기능**이라고 할 수 있다. 책이 필요한 사람은 서점에 가서 책을 사고, 서점 주인은 그 돈으로 옷 가게에 들러 옷을 사 입을 것이고, 옷 가게 주인은 그 돈으로 저녁을 먹으러 가게 된다. 이처럼 화폐는 우리가 필요한 것들을 쉽고 빠르게 교환할 수 있게 해주는 교환의 매개체라고 할 수 있다.

화폐의 두 번째 기능은 가치를 재는 잣대가 된다는 것이다. 용돈을 12,000원 받았다면, 우리는 이 돈으로 책 한 권을 살 수도 있고 친구와 둘이서 영화를 볼 수도 있으며, 친구와 점심을 먹을 수도 있을 것이다. 이것이 12,000원으로 할 수 있는 일인데, 이 일들은 동일한 가치를 가지는 것이다. 책도 12,000원, 영화도 한 사람당 관람료가 6,000원이므로 두 사람이 같이 가면 12,000원, 점심도 그렇다. 이 일들이 12,000원이라는 동일한 가치를 가지고 있음을 알려주는 화폐의 역할을 **가치 척도의 기능**이라고 한다. 화폐가 이런 가치 척도의 기능을 가지기 위해서는 화폐의 양과 그 화폐로 살 수 있는 물건의 종류와 수량 사이에 안정적인 관계가 있어야 한다. 이런 통화량의 조절을 한국은행이 하고 있다.

화폐의 또 다른 기능은 **가치를 저장할 수 있는 수단**이 된다는 것이다. 돈 10만 원은 그만한 가격의 물건을 살 수 있는 구매력이 있고, 이것은 내년이 되어도 그대로 유지된다. 물론 물건값이 오르면 살 수 있는 양이 줄어들기는 하겠지만 상품을 살 수는 있다. 그래서 우리는 이런 구매력을 저장할 수 있는데, 이것을 저축이라고 한다. 돈이 저축의 대상이 되는 것이다. 이솝우화 '개미와 베짱이'의 주인공인 개미도 겨울을 위해 저축을 하는데, 이것은 인간 세상의 화폐를 통한 가치 저장 기능과 같다고 할 수 있다.

이와 같이 화폐는 물건의 교환을 쉽게 할 수 있는 교환의 매개 역할을 하고, 가치를 재는 잣대가 되어 주고, 가치를 저장할 수 있는 기능도 가지고 있다.

○ 과거 우리나라에는 어떤 화폐가 있었을까?

물물교환의 많은 불편함을 대체하기 위해 **고대시대**에는 곡식과 같은 물품화폐가 최초의 화폐로 등장하여 교환의 매개체로 사용되었다. 하지만 물품화폐인 곡식이나 소금, 가죽 등과 같은 것은 운반과 저장이 어려웠다. 그 후 보관과 이동이 편리한 화폐가 만들어지게 되는데, 고려시대에 동국중보와 같은 동전이 만들어지고 은으로 만들어진 화폐도 사용하였다.

우리나라의 역사 속에서 대표적인 화폐는 고려시대의 건원중보(乾元重寶)와 조선시대 조선통보, 십전통보를 꼽을 수 있다. **고려시대**의 건원중보는 성종 15년에 주조된 것으로 추정되며 우리나라 최초의 주화로 알려져 있다. 건원중보는 후에 중국의 당나라 때 주조된 엽전인 중국의 건원중보와 구별이 어려워 상, 하부에 '동국(東國)'이라는 글자를 표기하여 동국중보를 만든 것이 우리나라의 이름을 가진 최초의 주화가 되었다고 한다.

조선시대에는 옷감과 화살촉을 화폐로 사용하기도 하였다. 화살촉은 전쟁이 나면 무기로 사용하기도 하였다. 그런데 이상하게도 15세기에 만들어진 조선통보의 경우는 정부가 유통을 촉진하는 노력을 했음에도 불구하고 잘 유통이 되지 않았고 면직류의 포화와 소액 거래에는 미두(米豆)가 주로 유통되었다고 한다. 화폐를 만들었으나, 시장에 유통되도록 하는 것이 쉽지가 않았던 것으로 보인다. 왜 사람들은 가벼운 동전 화폐를 사용하지 않고 실물화폐를 사용하였을까? 금속화폐가 가볍고 편리함에도 불구하고 조선통보가 잘 유통되지 못했던 이유는 화폐 유통을 위한 정책적 노력이 그 당시의 사회·경제적 요청에 부응한 것이 아니라 국가의 왕조와 정치권자들의 정책적 의욕에 지나지 않았기 때문으로 보인다.

17세기 후반에는 상평통보라는 동전 화폐가 나라 전체에 사용되었다. 상평통보는 법제화로 채택되어 보급되면서 금속화폐가 급속하게 유통되는 계기가 된다. 상평통보가 활발히 유통되었던 이유는 왜란을 전후하여 직면한 국가경제를 재건하기 위한 재원 확보책으로 명목화폐제도가 요청되었기 때문이다. 명목화폐는 금화나 은화처럼 화폐 그 자체가 가치를 가져서 화폐가 된 것이 아니라 국가 법률의 권위를 배경으로 또는 역사적인 관습이 그대로 사회적 신임을 받게 되어 교환의 도구로서 통용되게 된 것이다. 상평통보도 이런 경제적 사회적 변화의 요구에 의해 보급된 것이다. 그리고 일찍부터 화폐 경제가 발달한 중국의 영향을 받아 동전 유통에 대한 의욕이 커져 있었던 사회·경제적 환경의 변화와 경제 발전은 기존의 물품화폐가 지닌 기능의 한계를 나타내었을 것이다. 즉, 국가의 노력에도 불구하고 잘 유통되지 못했던 조선통보에 비해 널리 사용되었던 상평통보의 예를 통해 시장경제는 국가의 노력만으로 이루어지는 것이 아니라 사회·경제적 요구에 의해 이루어진다는 것을 알 수 있다. 현대에도 시장통화 국제 환율은 국가의 통화정책(국가의 개입)만으로 자국의 통화를 안

〈그림 28〉 화폐의 시대적 변천

정시키기에 부족함을 보여주고 있다. 이러한 한계는 국가의 통화는 자유시장경제에 의해 이루어짐을 잘 보여주는 예라 할 수 있다.

이후 1888년(고종 25년) 최초의 상설 조폐기관인 경성전환국에서 신식 주화인 1원 은화, 10문 적동화, 5문 적동화 3종의 근대 동전이 발행되었다.

○ 현재 우리나라에는 어떤 화폐가 유통되고 있을까?

현재 우리가 일상생활에서 사용하는 화폐는 한국은행에서만 발행한다. 1950년 6월 한국은행법에 의해 설립된 한국은행은 돈의 양과 흐름을 조절하는 통화신용정책을 수립하고 집행하는 곳이다. 한국은행은 은행의 은행이고 정부의 은행이면서 물가를 안정시키고 국민경제의 건전한 발전을 위해 중요한 일을 하는 곳이다.

한국은행이 현재 발행하고 있는 화폐에는 동전 6종(1, 5, 10, 50, 100, 500원), 지폐 4종(1,000, 5,000, 10,000, 50,000원권)이 있다. 그리고 우리가 사용하고 있는 화폐 단위는 ₩(원)이며, 지폐라고 부르는 종이돈은 사실은 종이가 아니고 면섬유로 만들어졌다. 종이가 아닌 면섬유를 사용하는 이유는 면섬유가 종이에 비해 촉감은 부드러우면서 질기고 강해 잘 찢어지지 않고 쉽게 더러워지지도 않기 때문이라고 한다.

현재 우리나라에서 사용되는 화폐는 어떤 것이 있을까?

현재 발행되는 첫 번째 화폐는 주화이다. 주화의 종류는 6개 종류가 발행되었으나 그동안 물가 상승에 따른 구매력 감소로 최근에는 1원화 및 5원화의 유통이 거의 없는 실정이다. 주화의 디자인은 우리나라를 대표하는 상징물인 무궁화가 1원에, 거북선이 5원에, 다보탑이 10원에, 벼 이삭이 50원에, 이순신 장군이 100원에, 학이 500원에 그려져 있다. 주화 속에 그려진 그림들에 대하여 자세히 알아보자. 우리나라 최초로 발행된 주화에는 이승만 초대 대통령과 거북선, 무궁화 등이 도안되어 있다.

이승만(1959년)　　　거북선(1959년)　　　무궁화(1966년)

　　백환화에 새겨진 우남 이승만(雩南 李承晩)은 대한민국 초대 대통령이다. 거북선은 1592년 임진왜란 때 이순신 장군에 의해 만들어진 세계 최초의 돌격용 철갑전선이다. 무궁화는 1959년 최초로 발행된 1원 주화에 새겨졌으며, 우리나라 역사 속에서 영광(榮光)과 수난을 함께해온 민족(民族)의 꽃이다. 무궁화는 외관의 아름다움뿐 아니라 꽃이 피어 있는 기간이 길고 공해와 추위에도 강하며 어디에서나 잘 자라 세계의 꽃이 되기에 손색이 없다. 무궁화의 수많은 품종 가운데 '새 아침'을 도안하여 고요한 아침의 나라 대한민국을 표현하였다. 1966년 발행된 10원 주화에 그려진 다보탑은 국보 제20호로서 우리나라에서는 756년 김대성에 의해 세워졌다. 1972년 발행된 50원 주화에 그려진 벼 이삭은 국제식량농업기구(F.A.O)에서 세계식량의 날을 기념하기 위한 주화 발행을 권장함에 따라 우리나라 주식인 쌀을 주제로 벼 이삭과 잎사귀를 사실적으로 도안하였다. 1970년 발행된 100원 주화에 처음으로 그려진 이순신은 임진왜란 때 거북선을 이용하여 대승을 거둔 우리 민족의 역사상 가장 추앙받는 인물 중의 한 사람이다. 이순신은 뛰어난 전략으로 왜적으로부터 나라를 구해냈을 뿐 아니라 문장에도 뛰어나 난중일기와 시, 시조, 한시 등 여러 편의 작품을 남겼다. 1982년 발행된 500원 주화에 그려진 학은 러시아 한까 호반 지역과 일본 북해도 지방에 서식하며 겨울철에는 남쪽 지역으로 이동하여 중국 동남부와 우리나라에서 서식하는 겨울 철새로 천연기념물 202호로 지정 보호하는 국제 보호조이다. 비상의 나래를 편 길조(吉鳥)로 나라의 발전을 상징하는 학은 우리나라에서는 평화와 장수의 상징으로 많은 그림이나 예술작품의 소재로 쓰이며, 특히 십장생도에도 등장하는 새이다.

주화는 어떤 재료로 만들어질까? 1원화는 100% 알루미늄이다. 여러분도 한번 들어보고 만져보자. 아주 가볍다. 5원화는 구리 65%, 아연 35%로, 10원화는 구리를 씌운 알루미늄(구리 48%, 알루미늄 52%)으로 만들어졌다. 50원화는 양백(구리 70%, 아연 18%, 니켈 12%), 100원화 및 500원화는 백동(구리 75%, 니켈 25%)을 소재로 제조되었다. 현재 통용되는 주화는 자신이 표현하는 화폐로서의 가치보다 그 주화를 만드는 데 더 많은 비용이 든다고 한다.

현재 사용되고 있는 두 번째 화폐는 지폐이다.

1970년대 초까지 8종(500, 100, 50, 10, 5, 1원권 및 50, 10전권)이 발행

되었지만 점차 감소하여 현재는 4종(1,000, 5,000, 10,000, 50,000원권)이 발행되어 사용되고 있다. 지금은 500원이 동전이지만 이전에는 지폐였다. 현재 우리나라 화폐의 크기는 OECD 회원국 평균(147.8×71.3㎜) 수준으로 축소하고 색상은 밝고 화려한 색상을 채택하였다.

지폐에는 어떤 그림들이 있을까?

2009년 발행된 오만 원권은 신사임당을 전면에 배치하고 신사임당의 작품으로 전해지는 묵포도도와 보물 제595호로 동아대학교 박물관이 소장 중인 여덟 폭의 병풍 중 일곱 번째 폭의 초충도수병의 가지 그림을 배치하였다. 뒷면에는 어몽룡(魚夢龍, 1566~?)의 월매도와 이정(李霆, 1541~1622)의 풍죽도가 배치되어 있다. 2007년 발행된 만 원권 디자인은 세종대왕을 전면에 배치하고 한국의 5대 명산과 해, 달, 소나무를 그린 '일월오봉도(조선시대 궁궐 안, 왕이 앉는 자리 뒤에 놓아 왕권을 상징하는 병풍 장식으로 사용)'와 용비어천가를 배경으로 하였으며, 뒷면에는 세종대왕 시절의 혼천의, 천상열차분야지도와 국내 최대 천체망원경(구경 1.8m)의 이미지를 디자인으로 사용하였다. 2006년 발행된 오천 원권의 디자인은 율곡 이이를 전면에 배치하고 조선 전기에 지어진 율곡이 태어난 곳 오죽헌과 오죽을 배치하였으며, 뒷면은 율곡의 어머니 신사임당이 그렸다고 전해지는 8폭 병풍(신사임당 초충도병)에 있는 그림을 이미지화하여 사용하였다. 2007년 발행된 천 원권의 디자인은 성균관 유생들이 글을 익힌 명륜당을 배경으로 퇴계 이황 선생이 전면에 배치되었다. 생전에 가장 아꼈던 매화나무를 이미지화하였고, 뒷면에는 도산서원의 주변 산수를 담은 겸재 정선의 계상정거도를 이용하여 디자인하였다.

현재 사용되는 세 번째 화폐는 새롭게 등장한 전자화폐(electronic cash)

이다. 동전이나 지폐는 부피나 무게가 커서 사용에 제한이 따라서 현금을 대신할 새로운 화폐가 필요하게 되었고 정보화 사회의 발달은 전자화폐를 만들어냈다. 우리가 쉽게 볼 수 있는 전자화폐는 교통카드를 생각하면 된다. 동전처럼 무겁게 들고 다니지 않아도 되고 사용 후 자동으로 거스름돈이 표시되는 교통카드는 우리에게 이미 친근한 전자화폐이다. 전자화폐가 되기 위해서는 휴대가 간편하고 보안이 잘 되어야 하며, 누가 어떤 상점에서 무엇을 샀는지를 제3자가 알 수 없어야 한다. 그리고 마지막으로 지폐에서 많이 발생하는 위조가 어려워야 한다.

이렇게 현재까지 사용되고 있는 화폐를 살펴보았다. 화폐는 과학기술의 발전과 사회 경제적 환경의 변화와 함께 변화해 왔음을 알 수 있다. 또한 새롭게 등장한 전자화폐는 현대정보화사회를 잘 반영한 사례라 할 수 있다. 앞으로 과학기술과 경제 환경의 변화는 그 시대에 맞는 또 다른 화폐를 만들어 낼 것이다.

□ 화폐 속에 숨은 과학

화폐의 역사를 살펴보면 많은 것들이 화폐로 사용되었다. 하지만 아무거나 화폐로 사용된 것은 아니다. 화폐로 사용되기 위해서는 합리적이고 효율적인 교환과 가치 측정을 할 수 있는 적합한 특징을 지녀야 한다.

첫째로 화폐가 되기 위해서는 운반이 편리해야 한다. 가축 같은 경우는 운반이 쉽지 않기 때문에 화폐로 사용하기에 적합하지가 않다. 둘째는 오랫동안 품질이 변하지 않아야 한다. 과일이나 생선과 같은 것은 냉장고가 없던 예전에는 화폐로 사용될 수가 없었다. 그냥 두면 금방 상해버리기 때문이다. 세 번째 화폐가 되기 위한 조건은 적은 금액의 거래도 할 수 있어야 한다는 것이다. 이솝우화 '잭과 콩나무' 에서 등장하는 젖소와 콩은 가치가 다르기 때문에 실제로는 물물교환이 이루어지기 어렵다. 그뿐만 아니라 두 개의 물건, 젖소와 콩은 물품화폐로 사용하기에도 적합하지가 않다. 젖소는 운반이 너무 어렵고 콩은 썩거나 상하기가 쉽다. 하지만 그래도 하나를 골라서 사용해야 한다면 곡식인 콩이 더 적합하다고 할 수 있다. 왜냐하면 작은 금액의 거래도 가능하기 때문이다. 젖소는 나누어서 거래할 수가 없지만, 콩은 가치도 작고 크기도 작아서 나누어서 거래하면서 모자라면 더 주면 되기 때문이다. 마지막으로 화폐가 되기 위해서는 희소성이 있어야 한다. 누구나 가질 수 있는 물건을 돈으로 사용한다면 너무 흔해서 사람들은 거래를 할 때에 돈을 받으려고 하지 않을 것이다.

현재 우리가 사용하고 있는 지폐는 이런 화폐가 되기 위한 특성을 많이 가지고 있다. 하지만 마지막 요건인 희소성이 부족하다. 종이는 누구나 쉽게 구할 수 있기 때문이다. 그래서 우리나라는 한국은행만이 지폐를 발행할 수 있게 법으로 정해 놓았다. 개인이 만든 돈은 아무리 멋지고 진짜 돈과 비슷해도 사용을 할 수 없다. 가짜 돈을 위조지폐라고 하는데 법으로 엄하게 금지하고 있다. 하지만 가끔 위조지폐들이 시장에 유통되어 사회를 혼란스럽게 하기도 한다. 그래서 지폐를 만들 때 과학적인 방법으로 쉽게 따라 할 수 없게 여러 가지 모양과 특징들을 새겨 넣거나 숨겨 놓았다. 즉, 위조지폐를 쉽게 만들 수 없게 하고 위조지폐와 진짜 지폐를 감별하기 위해서이다.

화폐에 대한 위·변조는 화폐를 만드는 데 쓰이는 소재가 화폐의 액면가치보다 낮은 화폐가 등장하면서부터 생겨났는데 특히 지폐가 발행되면서 크게 늘어나기 시작됐다. 그래서 위·변조를 방지하기 위해 화폐 속에 여러 가지 과학적 표시 방법을 사용하고 있는 것이다. 그럼 주화에는 이런 장치가 없는 것일까? 그렇지 않다. 동전의 옆 테두리에 톱니 모양이 그려져 있는데, 이것이 위조를 막기 위한 표시라고 한다. 금액에 따라 그 개수가 다르다. 50원은 109개, 100원은 110개, 500원은 120개의 톱니가 들어 있다. 하지만 동전은 위·변조가 잘 나타나진 않는다. 그것은 동전을 만드는 소재를 쉽게 구할 수 없고 돈을 만드는 데 소요되는 비용이 돈이 가지는 고유의 가치보다 더 크기 때문이다. 그래서 돈을 만드는 소재를 구하기 쉬운 지폐에서 위·변조가 쉽게 이루어진다.

그럼 지폐 속에 위·변조를 막기 위한 어떤 과학적 원리가 숨어 있는지 살펴보자. 세계의 여러 나라 중앙은행은 위·변조를 방지하기 위한 장치가 들어간 지폐를 발행하고 있다고 한다. 우리나라의 경우를 한번 살펴보자.

화폐 속에 숨겨진 과학적 표식의 첫 번째는 홀로그램이다.

앞면 좌측에서 1/4 부분, 높이는 하단에서부터 1/3 부분에 은색 네모 모양의 홀로그램이 새겨져 있다. 이 홀로그램은 보는 각도에 따라 모양이 변한다. 만 원에는 네모 모양으로, 오천 원에는 동그라미 모양으로 '우리나라 지도', '액면 숫자와 태극', '4괘(건곤감리)' 3가지 모양으로 보는 각도에 따라 변한다. 천 원에는 홀로그램이 없다.

두 번째 숨겨진 과학적 표식은 색 변환 잉크의 사용이다. 빛에 대한 반사 특성이 서로 다른 물질을 섞어 만든 특수 잉크를 사용하여 보는 각도에 따라 뒷면 오른쪽 아랫부분에 있는 액면 숫자 색상이 달라 보인다.

세 번째 숨겨진 그림에 대한 비밀은 앞면에 있다. 한국은행 총재인 아랫부분 진한 띠 안에 비스듬히 보면 'WON'이 살짝 숨어 있다. 그리고 앞면 기준으로 한국은행 왼쪽을 빛에 비추어 보면 앞면과 뒷면의 무늬가 합쳐져 완성된 태극무늬가 숨겨져 있다. 이것은 돈을 찍는 전용인쇄기에서 찍어야만 완벽한 문양을 나타낼 수 있다고 한다. 그리고 너무 작아서 돋보기를 사용해야만 확인할 수 있는 미세글씨들도 숨어 있다. 얼핏 보면 점이나 선으로 보일 수도 있지만, 미세글씨로 세종대왕 때 만들어진 용비어천가의 일부가 새겨져 있다. 또한 은화라고 하는데, 앞면 왼쪽이나 뒷면 오른쪽 공간을 빛에 비추어 보면 돈에 나오는 인물의 초상이 보이도록 해 놓았다. 은화 중에는 돌출은화라고 하여 돈을 나쁜 목적으로 2장으로 분리하는 것을 막기 위해 발명된 방법도 숨어 있다. 돌출은화는 은화보다 조금 왼쪽에 진하게 금액으로 표시되어 있다. 그 외에도 숨은 막대, 숨은 은선, 노출 은선 등도 숨어 있다.

네 번째 화폐 속에 숨은 과학기술은 돈을 만졌을 때 오돌토돌하게 만져지는 볼록 인쇄이다. 이것은 특수 조각 기법으로 만든 오목하게 들어간 인쇄판에 잉크를 채워 글자나 무늬 등을 볼록하게 인쇄하는 기법이다. 인물 초상이나 액면 숫자, 한국은행 같은 글씨를 만져보면 느낄 수 있다.

마지막으로 화폐 속에 숨겨진 과학기술은 형광 인쇄이다. 돈에 자외선 형광 램프를 비추면 종이에 전체적으로 여러 가지 형광 빛 섬유가 흩어져 있는 것을 볼 수 있다. 지폐의 재료인 면섬유 위에 빛을 내는 가느다란 특수 섬유를 삽입한 것으로 가짜 돈에선 보이지 않는다.

이런 종이 화폐의 위·변조를 피하기 위해 새롭게 만들어진 화폐가 전자화폐이다. 전자화폐는 지폐보다 더 편리하고 효율적이라고 한다. 신용카드처럼 생겨서 가볍고 보관과 이동이 용이할 뿐 아니라 그 안에 많은 정보도 저장할 수가 있다. 지폐는 낡으면 버리고 새로 인쇄하여야 하지만 전자화폐는 그럴 필요가 없다. 대금을 지불할 때도 하나하나 헤아리지 않아도 되며 잔돈을 계산할 필요도 없어 편리하다. 하지만 가장 큰 문제는 다른 사람이 전자화폐를 위조하거나 비밀번호를 알게 되면 큰일이다. 그래서 전문가들은 더 안전하고 편리한 전자화폐를 만들기 위해 오늘도 연구를 하고 있다.

□ 환율로 풀어보는 금융·경제 이야기

나라마다 사용하는 화폐가 다르다. 크기와 모양뿐 아니라 화폐 속에 있는 그림들도 다르다. 그래서 화폐를 통해 그 나라의 문화를 엿볼 수 있는 특징도 있다. 하지만 나라마다 다른 화폐에서 무엇보다 중요한 것은 화폐의 단위이다. 이것은 물건의 교환에 큰 문제가 될 수 있기 때문이다. 나라마다 화폐의 단위가 다른 이유는 무엇일까? 그것은 각 나라마다 경제활동의 내용과 범위가 달라서이다. 그래서 각각의 나라에 맞는 돈의 단위가 생겨나게 된 것이다. 그렇다면 나라마다 각기 다른 화폐 단위로 어떻게 물건을 교환할까?

○ 나라마다 화폐가 다르다

나라마다 화폐의 단위가 다르다. 우리나라는 원(₩)을 사용하지만, 미국은 달러($)를 사용한다. 우리나라와 인접한 일본은 엔(Yen), 중국은 위안(Yuan), 싱가포르는 Singapore Dollar, 영국은 파운드(Pound)가

화폐의 단위이다. 여기서 싱가포르의 화폐인 싱가포르 달러는 미국의 달러와는 다르다는 걸 기억해 두자. 싱가포르 달러는 싱가포르에서만 사용하는 화폐이다. 유럽연합은 독일 외 17개국이 유로(EURO)를 사용한다. 유럽은 어떻게 이렇게 많은 나라들이 한 개의 통화를 사용하게 되었을까?

　유럽연합[European Union(EU)]은 대다수 서유럽 국가들이 공동의 경제·사회·안보 정책의 실행을 위해 창설한 국제기구이다. 유럽의 정치적·경제적 통합을 강화하기 위해 유럽 단일 화폐, 공동 외교·안보 정책, 공동시민권 제도를 도입하고 이민·난민·사법 분야의 협력을 증진할 것을 규정한 마스트리히트 조약(1992. 2. 7 체결, 1993. 11. 1 발효)에 따라 창설되었다. 1993년 유럽연합이 창설된 이후 유럽인들은 다른 나라의 국경을 넘어갈 때 여권을 보이거나 검사를 받지 않는다고 한다. 유럽 내에서는 사람과 물자의 이동이 자유로울 뿐 아니라 국가 간에 물건을 수출하고 수입할 때마다 부과되는 관세라 불리는 세금을 매기지 않는다. 유럽인들은 유럽연합 내의 모든 국가에서 자유로이 취업이나 사업을 할 수 있으며, 유럽연합 내에서는 유로(EURO)라는 공통 화폐를 사용한다. 이를 통하여 유럽인들은 경제적 통합을 강화하고 있다. 이것은 아주 특별한 일이고 어려운 일이었는데, 유럽연합이 해 낸 것이다. 지금도 유럽연합을 제외한 각각의 나라들은 저마다 사용하는 화폐가 다르고 국가와 국가를 자유로이 오갈 수 없다. 늘 그 국가의 허가를 받아야 한다. 그래서 해외여행을 갈 때마다 여권이 필요한 것이다. 물론 국가 간의 허가 없이 일자리를 찾는 것도 금지되어 있다. 한편 나라마다 화폐의 단위가 다른 까닭으로 각 나라의 화폐를 통해서 그 나라의 역사와 문화를 일부 엿볼 수도 있다. 미국의 화

<그림 29> 행운의 2달러

페인 행운의 2달러 지폐와 유로존의 유로화에 대해서 살펴보자.

<그림 29>는 '행운의 2달러'로 알려진 미국 지폐이다. 1960년 유명한 여배우 그레이스 켈리는 '상류사회'라는 영화에 같이 출연했던 프랭크 시나트라로부터 2달러 지폐를 선물 받은 후 모나코 왕비가 되었다고 한다. 그래서 행운을 가져다주는 소중한 지폐로 더 알려지게 되었다. 미국의 서부개척시대에 노다지를 찾아 떠났던 사람들은 긴 여정의 두려움과 외로움으로 유난히 숫자 2(둘)를 좋아했다는 이야기도 있다. 행운의 2달러 지폐는 미국 역사상으로도 중요한 의미를 지니고 있다. 1776년 미국을 보호하는 신뢰의 징표로 처음 발행된 이래 1928년 현재의 크기로 만들어져 미국 독립선언을 한 2대 토머스 제퍼슨 대통령의 초상이 인쇄되어 발행되었고, 1976년에는 미국 독립 200주년을 기념하기 위하여 재발행되기도 하는 등 미국 역사의 중대한 전환기에는 항상 기념으로 발행될 만큼 의미 있는 지폐라고 한다.

각국의 화폐에는 인물이 많이 등장한다. 미국의 행운의 2달러 지폐에 토머스 제퍼슨 대통령 초상이 그려진 것처럼, 우리나라도 퇴계 이황, 이이, 세종대왕, 신사임당이 디자인되어 있다. 그러나 유로화는 인물보다 창문, 정문, 다리 모양 등의 건축양식을 주 도안으로 사용하여 누구나 쉽게 건축문화의 흐름을 알아볼 수 있게 하고 있다. 동시에 각국의 건축양식을 통해 유럽연합 국가 간의 결속력을 강화시켰다.

이렇게 유로화를 단일화폐로 사용하는 나라를 유로존이라고 한다. <그림 30>은 유로존에서 사용하는 화폐 유로(EURO)이다. 그림에서 건축 양식을 찾아볼 수 있다.

<그림 30> 독일 외 17개국(EURO 사용국)

다음은 세계 각국의 화폐 단위이다.

<그림 31> 세계의 화폐 단위

인터넷과 세계지도를 이용하여 이 화폐단위가 세계 어떤 나라들에서 사용되고 있는지 확인해 보자. 그리고 오늘 신문을 펴서 경제면을 찾아 환율을 확인해 보자. 각 나라의 돈을 사기 위한 우리나라 화폐의 지급액이 기록되어 있을 것이다.

그럼 이제 나라마다 화폐의 단위가 다르면 어떻게 물건을 교환하는지 알아보자.

○ 이렇게 나라마다 화폐의 단위가 다르면 어떻게 물건을 교환할까?

오늘날 지구 상의 모든 나라들은 국가 간에 서로 물건을 사고파는 수많은 거래를 하고 있다. 이것을 우리는 무역이라고 한다. 해마다 이런 국가 간의 거래는 규모와 종류가 증가하고 있으며, 우리나라 또한 경제가 발전하면서 외국과의 거래 규모가 크게 확대되었다. 그런데 이러한 국가 간의 거래 과정에서 화폐의 단위가 서로 다르면 어떻게 물건을 교환할까?

과거처럼 물물교환이 이루어질 수도 있지만, 물물교환은 동일한 가치가 아닌 경우 교환이 어렵고, 보관과 이동이 용이하지 않은 단점이 있다. 예를 들어 오렌지가 먹고 싶다고 오렌지 10개와 소 한 마리를 바꿀 수는 없다. 그래서 이러한 불편함을 해소하고 편리하게 사용할 수 있는 화폐가 만들어진 것이다. 하지만 국가별 경제 활동의 내용과 범위가 달라서 각 나라에 맞는 돈의 단위가 발생하게 되었다. 그렇다면 이렇게 나라마다 돈의 단위가 다른 경우는 어떻게 물건을 사고팔 수 있을까? 이런 고민을 해결하는 것이 환율이다.

물물교환의 경우 우리는 물고기 한 마리와 미국 오렌지 두 개의 가치가 같다면 물고기 한 마리를 주고 미국 오렌지 두 개와 바꾸면 된다. 이처럼 미국 돈 1달러를 얻기 위해 우리나랏돈을 1,100원을 주면 된다. 이것은 미국 오렌지를 먹고 싶은 사람이 물고기 한 마리를 주고 미국 오렌지 두 개와 바꾸는 것과 같은 것으로 돈으로 교환하는 것이다. 요즘 같은 국제화 시대에는 거래 대금을 결제하기 위해 자기 나랏돈과 외국 돈을 바꾸거나 외국 돈과 외국 돈을 바꾸는 등 서로 다른 두 나랏돈을 교환하게 되는데, 이때 통화(돈)의 교환비율을 환율이라 한다.

환율은 세계화 시대에 우리가 자주 듣는 경제 용어로 여행이나 어학연수를 가는 사람들도 꼭 알아두어야 할 내용이다. 특히 수입과 수출에 관련이 있는 기업에는 아주 중요한 개념이라고 할 수 있다. 흔히들 우리나랏돈을 달러로 바꿀 때 달러를 산다고 하는데, 이것은 외국 돈을 오렌지나 장난감 같은 상품으로 생각하는 것이다. **즉, 환율**

은 한 나라의 돈(통화)에 대한 대외가치를 나타내는 것으로 자국 통화와 외국통화의 교환비율이다. 미국 돈 1달러를 얻기 위해 우리나랏 돈 1,100원을 지불한다. 이것은 마치 1달러 하는 오렌지를 얻기 위해 1,100원짜리 물고기를 지불하는 것과 같은 것이다.

〈그림 32〉 $1짜리를 사기 위해 ₩1,100을 지급하는 경우

이때 지급환율을 기준으로 1달러가 1,100원에서 1,500원으로 상승하면, 환율이 상승했다고 한다. 외국 화폐를 얻기 위해 더 많은 원화를 지급해야 하므로, 우리나라 원화의 대외가치가 외국통화에 비해 하락한 것이다. 어려운 표현으로 원화가 '평가절하(depreciation)되었다'라고도 말한다. 반대로 환율이 하락하면 원화의 대외가치가 상승했으므로 '평가절상(appreciation) 되었다'고 말한다. 환율은 상품의 가격과 마찬가지로 외환의 수요곡선과 공급곡선이 만나는 점에서 결정된다.

1997년 가을 우리나라는 투자하고 있던 외국 자본들이 한꺼번에 빠져나가면서 갑자기 환율이 폭등했었다. 왜냐하면 우리나라에 투자하였던 외국 돈이 빠져나갔다는 것은 전부 달러로 바꾸어서 빠져나가기 때문에 우리나라에 달러가 부족하게 된 것이다. 그때 우리 정부는 더 이상 견디지 못하고 1997년 말 국제통화기금(IMF: International Monetary

Fund)에 자금을 요청하였다. 이것이 바로 1997년 대한민국의 큰 경제
위기에 있었던 이야기이다. 아마 여러분의 사회책이나 정치, 경제 책
에서도 볼 수 있는 내용일 것이다. 그만큼 환율은 우리의 생활과 경
제에 가까이 있는 용어이다.

○ 환율로 풀어보는 경제 이야기

우리 생활에서 사용되는 돈을 통화라고 하고 시중에 돈이 얼마나
많이 있는지를 나타내는 숫자를 통화량이라고 한다. 시중에 통화량이
너무 많으면 물건값도 오르게 된다. 여기서 잠깐 가격과 물가에 대한
용어를 살펴보자. 우리가 물건을 구입할 때 한 개의 값은 가격이라고
한다. 그러나 물건의 가격을 통틀어 부를 때는 물가라고 한다. 잘 기
억해 두자.

시중에 통화량이 너무 많으면 물건값이 오르게 되고, 시장에 가격
이 오른 물건이 더 많으면 '물가가 올랐다'라고 한다. 최근 신문이나
TV에서 물가가 올랐다는 뉴스를 자주 들었을 것이다. 그것은 시중에
가격이 오른 물건이 더 많다는 뜻이다. 물가는 대부분 내려가는 경우
보다 올라가는 경우가 더 자주 발생한다. 그런데 물가가 오르면 우리
가 가진 돈으로 살 수 있는 물건의 양이 줄어들게 되고 돈의 가치는
떨어진다. 이런 현상을 인플레이션이라고 한다. 이렇게 되면 시장은
혼란스러워지고, 이때 한국은행이 나서서 시장의 통화량을 조절하는
역할을 한다. 한국은행은 시장에 돈이 너무 많으면 돈을 거두어들이
고 시장에 돈이 너무 적으면 돈을 발행한다.

각국의 화폐는 나라마다 서로 다른 화폐 단위의 사용으로 국가 간
의 물건 매매에서 문제가 발생할 수 있다. 이런 문제를 환율이 해결

해 준다. 환율은 외환거래가 이루어지는 외환시장에서 수요와 공급에 의하여 결정된다. 그래서 환율은 시시각각 변하게 되는데, 이것을 변동환율이라고 한다. 우리나라도 변동환율제도를 채택하고 있어 실시간 환율이 변한다. 즉 외국과의 거래 결과 달러화의 공급이 수요보다 많으면 환율은 하락하고, 반대로 달러화에 대한 수요가 공급보다 많으면 환율은 상승한다. 이러한 환율의 변동을 일으키는 요인에는 국민소득, 물가수준, 경제성장률, 통화량이나 금리 등이 있다. 일반적으로 요즘처럼 국내 물가가 상승하면 수입 상품의 가격이 상대적으로 하락해 수입이 증가하게 되므로 물건을 수입하기 위해 지불해야 하는 돈이 증가하게 되고 결국 외국 돈의 공급이 수요보다 많아지게 되므로 환율이 상승한다.

해외여행을 계획해 보자.

미국이나 일본, 프랑스를 여행할 때 우리나랏돈을 가지고 가면 사용할 수가 없으므로 우리는 우리나랏돈을 주고 그 나랏돈으로 교환을 한다. 그것을 환전이라고 하는데, 환전은 은행에서 해 준다. 우리나랏돈을 주고 외국 돈을 교환할 때 환율에 따라 여러분이 받을 수 있는 외국 돈의 양이 달라진다.

₩1,100,000을 가지고 은행으로 가서 달러로 바꾸어 보자. 현재 $1에 ₩1,100이라면 얼마의 달러로 교환할 수 있을까? [교환과정: 1,100,000/1,100=$1,000] $1,000의 미국 돈으로 바꾸어 올 수 있다. 그래서 미국에서 $1,000만큼의 돈을 사용할 수가 있다. 하지만 환율이 변동하여 $1에 ₩1,300이 되었다면 ₩1,100,000으로 얼마의 $로 교환할 수 있을까? 그렇다. $846로 교환할 수 있다. [교환과정: 1,100,000/1,300=$846. 거스름돈으로 ₩200이 남는다] 즉, 환율에 따라 $1,000로 교환이 되기

도 하고 $846로밖에 교환이 되지 않을 수도 있다. 여행지에서 사용할 수 있는 돈의 양이 환율에 따라 변하는 것이다. 이 경우는 미국에서 사용할 수 있는 달러의 양이 적어졌기 때문에 환율이 오를 때는 해외 여행을 하면 그만큼 여행경비가 많이 들어서 손해이다. 반대로 환율이 하락할 때는 여러분이 받을 수 있는 달러의 양은 많아진다. 외국에서 유학하고 있는 아들, 딸에게 매달 똑같은 금액의 생활비를 송금하여도 환율에 따라서 매달 그들이 받을 수 있는 금액은 달라지는 것도 같은 개념이다. 그래서 환율은 우리 생활에서 꼭 알아두어야 할 경제 용어라고 할 수 있다. 그렇다면 이런 환율의 상승과 하락이 우리 경제에는 어떤 의미를 가지는지 알아보자. 신문이나 TV 뉴스에서는 환율의 변동이 국가 간의 거래에서 수출품과 수입품의 상대가격을 변화시켜 이익에 직접적인 영향을 미친다고 한다. 환율의 상승과 하락이 경제적으로 어떤 의미를 가지는지 자세히 살펴보자.

환율이 상승하면 수출품 가격이 하락하여 수출이 증가하고 수입품 가격이 상승하여 수입은 감소하므로, 무역을 통한 이익이 개선되는 것이 일반적이다. 1달러당 1,000원이던 환율이 1달러당 1,500원으로 상승한 경우를 예로 들어 보자.

기준환율 1달러당 1,000원 -------> 1달러당 1,500원인 경우

❀ 수출 기업의 경우

수출품의 달러 가격이 동일한 경우 자동차 1대를 판매하는 경우 원화로 1,000원을 받던 것을 환율이 상승하여 1달러당 1,500원이 되

면 수출 기업은 1,500원을 받음으로써 같은 금액에 판매하면서도 이익이 500원만큼 커진다. 이것은 원가가 낮아진 것도 아니고 단지 우리나랏돈과 외국 돈의 교환비율의 변화만으로 일어난 일이다 즉, 수출 기업의 경우 물건값이 미국 시장에서 달러로 판매될 때 미국 시장의 소비자에게는 1달러로 판매하던 것을 0.67달러로만 판매하여도 종전과 같은 금액인 1,000원이 입금되므로 판매가격을 낮추어 수출을 유리하게 할

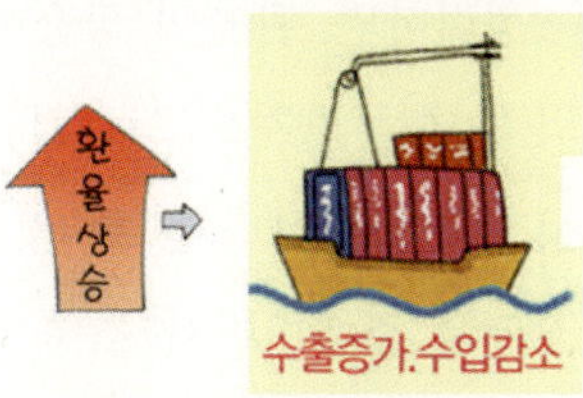

〈그림 33〉 환율 상승의 경우

수 있다. 그러므로 환율의 상승은 한국 상품의 해외 수출에 유리하게 작용한다.

❀ 수입 기업의 경우

오렌지 1박스가 1달러인 경우 1박스를 매입하면 원화로 1,000원을 지불하던 것을 1달러당 1,500원으로 환율이 변동되면 오렌지 1박스를 매입하고 1,500원을 지불해야 하므로 수입 기업의 경우는 환율이 상승하면 같은 자본으로 수입할 수 있는 양이 줄어들게 된다. 즉, 900,000원의 자금을 가지고 기존에 900박스(900,000/1,000)를 매입할 수 있던 것이 환율변동(환율상승)으로 600박스(900,000/1,500)밖에 매입할 수 없게 되는 것이다. 이렇게 되면 오렌지의 국내 판매가는 상승할 수밖에 없는 것이다.

환율이 하락하는 경우는 아래의 그림처럼 환율 상승과는 반대가 된다.

기준환율 1달러당 1,000원 ------> 1달러당 500원

반대로 환율이 하락(원화가치 상승)하면 수출품의 가격이 상승하여 수출이 감소하고, 수입품 가격이 하락하여 수입은 증가하기 때문에 나라가 무역 등을 통하여 얻을 수 있는 이익은 줄어든다.

정리하면, 환율이 상승하면 수출이 증가하고 수출의 증가는 생산의 증대를 가져오므로 일자리를 많이 만들어내게 되어 우리의 경제 성장을 촉진한다. 또한 많은 사람들이 일자리를 얻음으로써 가계의 소득이 증대되면서 소비를 늘게 하여 경제가 잘 돌아간다. 그러나 환율의 상승은 외국에서 빌린 돈에 대한 부담이 늘어난다. 우리나라 기업이 해외로부터 외국 돈을 빌린 경우 환율이 상승하면 더 많은 원화를 주고 외국 돈을 사서 갚아야 되므로 외국에 진 빚을 갚는 부담이 늘어나는 것이다. 하지만 환율의 상승은 반대로 수입품의 가격을 높이게 되어 수입품의 국내 판매가가 높아진다. 반대로 환율이 하락하면 무역을 통해 얻을 수 있는 이익은 줄어들지만, 수입품의 가격이 싸져서 국내 물가를 낮추게 된다.

환율은 경제 성장 과정에서 갑자기 높아지거나 낮아지는 것은 매우 위험하다. 특히 우리나라와 같이 수입 의존도가 높은

〈그림 34〉 환율 하락의 경우

나라의 경우에는 환율 변동이 국내 경기와 물가에 미치는 영향이 아주 크다고 할 수 있다.

그럼 배운 내용으로 낱말 맞히기 퍼즐을 채워보자.

가로열쇠

① 물건의 가격을 통틀어 부르는 말

② 자국 통화와 외국통화의 교환비율의 변동을 일컫는 말

③ 아르헨티나, 멕시코에서 사용하는 돈의 단위

④ 돈이나 중요 서류를 보관하는 곳

⑤ 물가가 상당 기간 지속적으로 오르는 현상

⑥ 남을 속이려고 물건이나 문서 따위를 진짜와 비슷하게 만듦. 가짜를 만듦

⑦ 부지런하고 성실함을 상징하는 곤충으로 다리가 6개이고 허리가 잘록하며 동화 '**와 베짱이'의 주인공

세로열쇠

① 돈이 없던 옛날 필요한 물건을 맞바꾸던 경제 활동

② 돈을 빌려주거나 받을 때 사용한 기간에 대하여 추가로 지급하는 비용

③ 나트륨과 염소의 화합물로 짠맛이 나며 옛날에 화폐로 사용되었던 것

④ 곡식과 같이 물건을 돈으로 사용하는 물품화폐의 하나로 바닷가에서 볼 수 있는 것

⑤ 동전의 위·변조 방지를 위하여 동전 테두리에 해 놓은 모양

환율을 배우고 떠나는 세계여행
〈프랑스 루브르 박물관 견학〉

우리가 배운 환율을 생각하며 프랑스 루브르 박물관 여행을 계획해 보자. 환율을 이해하고, 이를 이용하여 여행 경비를 계산할 수 있을 것이다. 그리고 효율적인 여행을 위한 또 다른 최적의 대안을 찾을 수도 있기를 기대한다.

이런 것들을 준비하면 더 좋아요: 세계지도, 계산기, 펜, 신문

[1] 세계지도를 준비하고 여행지를 선택한다(임의로 프랑스 루브르 박물관으로 결정).

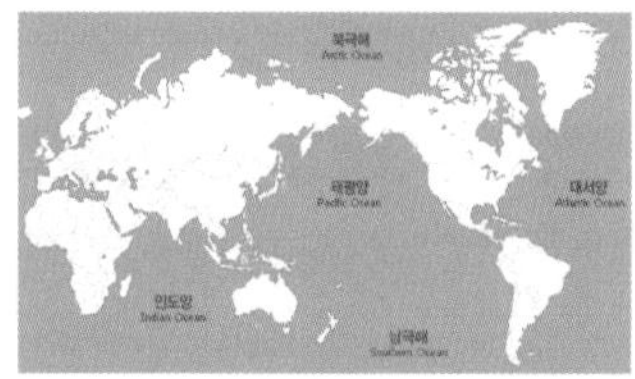

〈그림 35〉 여행지 선택하기

① 세계 유명 도시를 보고 도시별로 달러로 계산된 요금표를 보며 여행지를 선택한다.
　－신문, 여행사 등 관련 사이트 참고
② 결정된 여행지에 깃발을 꽂고 여행 경비 중 항공료를 원화로 계산한다.
③ 항공사를 통하여 프랑스 루브르 박물관을 가기 위한 비행기 표를 예매한다.

[2] 프랑스 지도에서 루브르 박물관까지의 경로 확인 및 경비 목록표를 작성한다.

메트로 1호선 Palais Royal Musée du Louvre역에서 하차하여 도보 이동 또는 버스 21·24·27·39·48·69·72·81·95Q번 버스 이용
* 오픈시간－수~월: 오전 9시~오후 6시(수·금: ~오후 10시)
* 요금－일반 9유로/수·금 오후 6시~오후 9시 45분 6유로/매월 첫째 일요일 무료
* 휴무－화요일, 1월 1일, 5월 1일, 11월 11일, 12월 25일
－여행지별 목록 카드 및 여행 경비 산출하기. 유로로 여행 경비를 계산하고 신문에서 '오늘의 환율'을 이용하여 우리나랏돈으로 계산하여 예상 여행 경비를 산출한다.

이동 경로	경비 내역	프랑스 화폐(유로)	대한민국 화폐(원)	비 고
한국에서 프랑스	항공료			
공항에서 지하철	지하철 교통비			
공항에서 시내	점심			
박물관에서 숙소	숙박비			
합계				

* 주의: 환율은 매일매일 바뀌므로 그날의 기준환율을 적용하되 오차가 있음을 명심한다. 그러므로 여행할 국가의 화폐 단위로 먼저 작성하도록 한다. 그래서 가장 짧은 시간에 적은 비용으로 여행할 수 있는 방법을 찾는다.

[3] 루브르 박물관 지도를 보고 관람 경로 찾기(최적 대안)

유리 피라미드 안으로 들어가면 나폴레옹 홀로 이어진다. 안내 센터, 매표소, 서점, 휴대품 보관소, 뮤지엄숍 등이 있다. 이곳에서 티켓이나 필요한 가이드북을 구입하고 본격적인 관람을 시작한다. 전시관은 드농(Denon)관, 리슐리외(Richelieu)관, 쉴리(Sully)관으로 나눠져 있고 각각의 전시관은 지하에서 3층까지 지역과 시대에 따라 세밀하게 구분되어 있다. 계단을 오르내리기가 힘드므로 가능한 한 같은 층에서 다른 전시관으로 옮겨 다니며 감상하는 편이 낫다. 지하층(Entresol)에는 고대 오리엔트·이슬람의 미술 작품과 이탈리아·스페인·북유럽 조각품이 전시돼 있고, 프랑스 조각품은 지하에서 1층에 거쳐 전시되어 있다. 유리로 이뤄진 천장에서 들어오는 자연광으로 더욱 입체감 있는 작품 감상을 할 수 있으며, 1층에는 고대 이집트·그리스·로마 미술품도 전시돼

〈그림 36〉 루브르 박물관 전경

있다. <밀로의 비너스>도 이곳에 서 있다. 2층은 유명한 작품이 많아 항상 붐비는 곳으로 19세기 프랑스 회화가 전시돼 있는데 앵그르, 다비드, 들라크루아와 같은 거장의 작품을 감상할 수 있다. <사모트라케의 니케>, 레오나르도 다 빈치의 <모나리자>도 2층에 전시되어 있다. 3층 역시 프랑스 회화를 시대별로 전시해 놓았다. 2층과 함께 관람객에게 무척 인기 있는 곳으로, 네덜란드·플랑드르·독일의 회화도 전시되어 있어 렘브란트, 루벤스, 베르메르 등의 작품을 살펴볼 수 있다고 한다. 관람에 참고하자.

[4] 최적 대안을 찾자

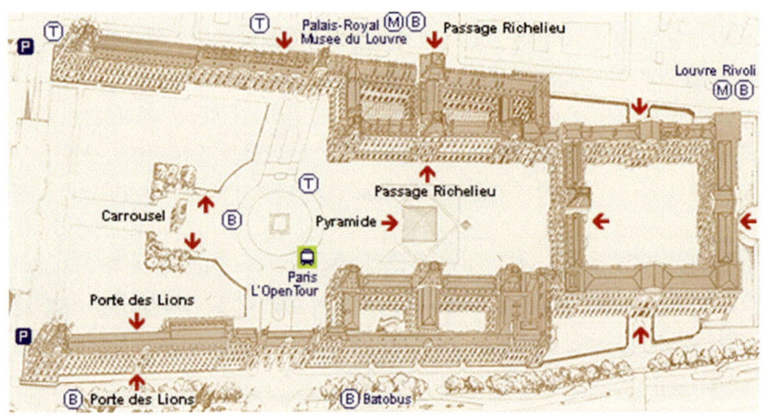

〈그림 37〉 루브르 박물과 외관 지도

그림은 루브르 박물관 외관 지도이다. 우리는 박물관이나 미술관에 가면 다 관람을 못해서 아쉬웠던 기억이 있다. 그 이유는 시간은 한정되어 있고 관람해야 할 자료는 너무 많아서 그렇다. 그때는 동선의 길이를 줄이는 것도 하나의 대안이라고 할 수 있다. 그래서 박물관에서 관람 시에 어떻게 하면 최적의 관람을 할 수 있는지 한번 확인해 보자.

다음과 같이 가정해 본다. 7개의 전시관과 10개의 문으로 이루어진 전시관이 있다. 이것을 평면으로 그려보면 아래 평면도와 같을 때, 이 평면도에 따라 전시관을 꾸민다면 관람객들은 모든 문을 한 번씩만 통과하여 전시실 전체를 다 돌아볼 수 있을까? 만약 그렇지 않다면 입구와 출구는 어디에 만드는 것이 좋을까?

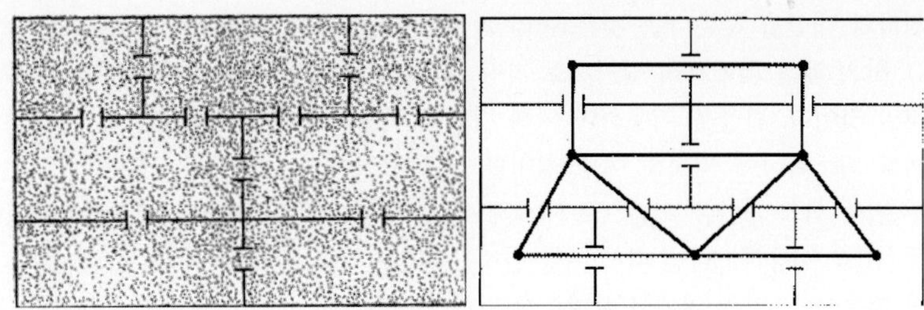

풀이: 7개의 전시관을 각각 점으로, 10개의 문을 선으로 나타내면 우측 상단과 같은 그래프를 그릴 수 있다. 이 그래프를 수학적으로 접근해 본다면 홀수 점이 없으므로 한붓그리기가 가능하다. 어떤 점에서 출발해도 다시 제자리로 돌아오는 오일러 회로이다. 그래서 입구와 출구를 꼭짓점 어디에 설치해도 상관없이 처음 들어간 곳에서 다시 나올 수 있다. 그래서 요즘은 많은 미술관과 박물관들이 이런 오일러 회로를 이용하여 관람 순서를 정하거나 입구, 출구를 정하고 있다.

> **Tip**
>
> 오일러 회로는 연결된 그래프에서 꼭짓점은 여러 번 지날 수 있지만 모든 변은 오직 한 번씩만 지나는 회로를 말한다. 연결된 그래프에서 모든 꼭짓점의 차수가 짝수이면 오일러 회로가 존재한다.
>
> - 홀수 점의 개수가 0개인 그래프
> 출발점과 도착점이 같은 경우로, 모든 꼭짓점이 짝수이다. 이 경우엔 어떤 점에서 출발하더라도 출발한 점에서 끝나는 한붓그리기를 할 수 있다.
>
> - 홀수 점의 개수가 2개인 그래프
> 출발점과 도착점이 다른 경우이다. 한 홀수 점에서 출발하여 다른 한 홀수 점에서 끝나는 한붓그리기를 할 수 있다.

〈오일러가 들려주는 최적화이론 1 이야기〉 참고

최적의 대안을 찾는다는 것은 여러 가지 의미로 이해해 볼 수 있다.

그 첫 번째는 화폐로의 접근으로 가장 경비를 줄일 수 있는 여행 계획을 찾는 것일 것이다. 환율을 이용하여 여행 경비를 산출하면서 교통수단과 경비 사용처를 최소화하여 최적의 여행 경비를 산출해 보자.

두 번째 최적 대안은 시간으로 이해해 볼 수 있을 것이다. 어느 경로로 어떤 교통수단을 이용하느냐에 따라 여행 일정이 길어지기도 하고 짧아지기도 할 수 있기 때문이다. 또한 위에서 살펴본 것처럼 박물관에서도 주어진 시간 안에 많은 작품들을 감상해야 하므로 최적의 길을 선택하여 시간을 줄일 수 있을 것이다. 가장 최적의 대안은 이 여러 가지 대안 중에서 경비와 시간을 최소화하면서 가장 많은 작품을 감상하는 것이다. 여러분이 최적의 대안으로 행복한 여행이 되기를 바란다.

[견학 시 추가 정보]

이어폰 가이드 견학하는 사람들을 위해서 180개의 주요 작품 및 미술관의 명소에 대해서 해설이 수록된 이어폰 가이드(6개 국어, 중국어 제외)가 미술관 3곳의 입구에 준비되어 있다고 한다. 대여 요금이 필요하다. 관람 시 플래시를 터뜨리며 사진을 찍을 수 없으며, 미술관 내로 큰 짐이나 동물을 가지고 들어갈 수 없다.

* 루브르 박물관에 대한 자세한 사항은 박물관 홈페이지를 참고하기 바란다.
  홈페이지 http://www.louvre.fr/

더 알아보기

1. 정철진,『아이의 경제력』21세기북스(2010)
2. 오혜정,『오일러가 들려주는 최적화 이론 1 이야기』자음과 모음(2008)
3. 크리스티아네 오퍼만, 한대희·신홍민 역,『청소년경제수첩』양철북(2007)
4. 『중학생을 위한 알기 쉬운 경제이야기』한국은행(2009)
5. 김상헌,『경제야 놀자』평단(2007)
6. 신태준·박종민 옮김,『말랑하고 쫀득한 경제이야기』푸른숲 주니어(2011)
7. 한국은행화폐금융박물관(http://museum.bok.or.kr)
8. 세계화폐박물관(http://www.numerousmoney.com)

〈식품과 과학〉

- 마야(Maya)족 : 고대 멕시코와 과테말라를 중심으로 번성한 인디오 문명 및 이를 이룩한 민족의 명칭
- 아즈텍(Aztec)족 : 16세기 초 멕시코 고원의 국가를 이루었던 민족
- 에르난 코르테스(Hernan Cortes): 스페인의 아즈텍 왕국 정복자
- 올멕(Olmec) 문명: B.C 1500-1200년 사이에 일어난 중앙아메리카의 문명
- 케찰코아틀(Quetzalcoatl): 아즈텍인들의 농업을 관장하는 신
- 포라스테로(Forastero): 카카오 품종 중의 하나
- 상투메(Sao Tome) : 아프리카 중서부 기니 만(Gulf of Guinea)에 있는 섬
- 코트디부아르(Coted'ivoire): 아프리카 서부 대서양 연안에 있는 국가
- 크리오요(Criollo):카카오 품종 중의 하나
- 트리니타리오(Trinitario): 카카오 품종 중의 하나
- 베이킹소다(Baking soda): 탄산수소나트륨의 다른 이름으로 빵, 과자 제조 시 제품을 팽창하게 하여 맛을 좋게 하고 연하게 하여 소화가 잘 되도록 하기 위한 식품첨가물
- 레시틴(Recithin):글리세린 인산을 포함하고 있는 인지질의 하나로서 생체막을 구성하는 주요성 분이다. 난황 중에 특히 많이 들어 있음

· 치아파스(Chiapas): 멕시코 남동부 지역

· 페닐에틸아민(phenylethylamine, C8H11N): 사람이 사랑의 감정을 느낄 때 뇌에서 활발하게 분비되는 호르몬

· 페닐알라닌(phenylalanine): 필수아미노산의 일종

· 필수아미노산: 단백질을 구성하는 기본 단위로 체내에서 합성할 수 없는 아미노산

· 카페인(caffeine, $C_8H_{10}N_4O_2$): 차, 커피 등에 함유된 물질로 중추신경 등을 흥분시키는 약리작용이 있음

· 티오브로민(theobromine, $C_7H_8N_4O_2$): 카페인과 화학 구조가 비슷한 물질로 이뇨작용, 혈관확장, 근육이완 등의 효과가 있음

· 산블러스 제도(San Blas Island): 카리브해의 파나마령의 섬

· 폴리페놀(polyphenol): 2개 이상의 하이드록시(-OH)기를 가지며 항산화기능이 뛰어난 물질로 녹차 중의 카텐킨이 대표적 폴리페놀 화학물질이다.

· 저밀도 지단백:(low density lipoprotein): LDL-cholesterol이라고도 하며 혈관 내벽에 콜레스테롤을 축적시켜 동맥경화의 원인이 되는 물질

· 산화적 스트레스: 노화 및 질병의 원인이 되는 활성산소의 생성과 제거의 균형이 깨어진 상태

· 활성산소: 유해산소라고도 하며 호흡과정에서 몸속으로 들어간 산소가 산화과정에 이용되면서 여러 대사과정에서 생성되어 생체조직을 공격하고 세포를 손상시키는 산화력이 강한 산소

· 포화지방: 탄소사슬에 이중 결합을 포함하지 않는 지방산

· 불포화지방: 탄소사슬에 한 개 이상의 이중 결합을 포함하고 있

는 지방산

- 세레토닌(seretonine): 뇌의 신경자극 전달물질 중의 하나
- 공정무역: 국가 상호 간에 무역 혜택이 동등한 가운데 이루어지는 무역. 주로 선진국과 개발도상국 간의 불공정한 무역으로 발생하는 구조적인 빈곤 문제를 해결하기 위해 개발도상국의 생산자에게 유리한 조건으로 행해지는 무역을 말함
- 프로바이오틱스(probiotics): 체내에 들어가 건강에 좋은 효과를 주는 살아 있는 균으로 대부분의 유산균이 해당되며 체내에서 유해균을 억제하고 배변활동을 원활하게 함
- 사워크라우트(sauerkraut): 양배추를 싱겁게 절여서 발효시킨 독일식 김치
- 피토케미컬(phytochemical): 식물의 뿌리나 잎에서 만들어지는 화학물질을 일컫는 말로 식물생리활성 영양소라고도 함. 사람의 몸에 들어가면 항산화물질이나 세포손상을 억제하는 작용을 함
- 카제인(casein): 우유의 주단백질
- 레넷(rennet): 송아지의 제4위에서 얻어지는 단백질 분해효소인 레닌을 포함한 액체, 치즈 제조 시에 커드(curd) 형성을 위해 사용함.
- 슬로우 푸드(slow food): 맛의 표준화와 전 지구적 미각의 동질화를 지양하고, 지역 특성에 맞는 전통적이고 다양한 식생활 문화를 추구하는 국제 운동
- 『농업론(De Re Rustica)』: 에스파냐 출생의 로마 작가 콜루멜라가 쓴 저서로 고대 농업관계에 대한 여러 자료들을 제시함. 총 12권으로 구성

· 블루 치즈(blue Cheese): 치즈에 독특한 맛과 향을 주기 위해 푸른빛이 나는 곰팡이를 이용한 치즈. 주로 푸른 곰팡이의 일종인 페니실리움 로케포르티(*Penicillium rouqueforti*)를 주로 이용

· 동방견문록: 이탈리아의 여행가 마르코 폴로(Marco Polo)가 17년 동안 중국에 머물면서 보고 들은 것을 귀국한 뒤 1298년에 <세계의 불가사의>라는 제목으로 발표한 책

· 글루텐(gluten): 보리, 밀 등의 곡류에 존재하는 불용성 단백질로 글루텐 함량에 따라 밀가루의 종류가 달라짐.

· 글리아딘(gliadine): 밀 단백질인 글루텐의 구성 성분

· 글루테닌(glutenine): 밀 단백질인 글루텐의 구성 성분

· 『선화봉사고려도경』: 고려 인종 때 송나라 사신 서긍(徐兢)이 고려에 한 달간 머물면서 견문한 것을 귀국하여 저술한 책

· 『고려사』: 조선 초기 김종서, 정인지 등이 세종의 교지를 받아 만든 고려시대의 역사책

· 안도 모모후쿠: 1910~2007, 타이완 계 일본인으로 인스턴트 라면을 개발한 일본 닛신 식품의 회장

<환경과 미래>

- 온실가스: 지구 복사에너지를 잡는 기체
- 유전자 조작 식품(GMO, Genetically Modified Organism): 생명 공학 기술로 유전자를 조작해 만들어 낸 농산물이나 축산물로 가공한 식품
- 환경호르몬: 내분비계 교란물질(ED, Endocrine Disrupter)이라 함. 생물의 호르몬을 생산하고 분비하는 기능에 문제를 일으키는 화학 물질
- 교토의정서(kyoto protocal): 1991년 12월 일본 교토에서 온실가스 감축을 위한 구체적 대책 논의. 온실가스 배출량은 선진국(8개국) 대상으로 제1차 협약기간(2008~2012) 동안 1990년 수준으로 감축할 것을 규정
- 탄소발자국: 에너지를 사용할 때 배출되는 이산화탄소의 양. 한국인 한 명은 1년에 약 10톤의 이산화탄소를 내보낸다. 전 세계의 사람들은 매일 약 9,100만 톤의 이산화탄소를 공기 중으로 내보내고 있음
- 세계미래회의: 1966년 앨빈 토플러와 짐 데이토 등 저명한 미래학자들이 주축이 되어 설립한 비정부기구로 미래 사회를 예측하고 매년 미래전망보고서를 내놓고 있는 단체
- 청정개발체제(CDM, Clean Development Mechanism): 온실가스를 의무적으로 감축해야 하는 선진국들이 의무감축국이 아닌 나라에서 해결할 수 있도록 해주는 제도이다. 즉 의무감축국은 온실가스를 줄일 수 있는 여지가 상대적으로 많은 개발도상국의 청

정개발에 투자함으로써 온실가스 배출을 줄여서 자신들의 탄소 배출권으로 갖는 제도

· 탄소배출권: 정해진 기간 안에 이산화탄소의 배출량을 줄이지 못한 각국 기업이 배출량에 여유가 있거나 숲을 조성한 사업체로부터 돈을 주고 권리를 사는 것

· 유럽기후거래소(ECX, European Climate Exchange): 유럽의 탄소 배출권 거래소.

탄소배출권 거래는 감축 대상 기업뿐만 아니라 투자 상품으로 거래되며, 은행 등 금융 기관이 탄소배출권 거래의 유동성을 제공한다. 주식 시장과 마찬가지로 거래 회원제 운영, 호가, 가격 제한폭 등의 매매 제도를 가지고 있으며, 거래 상대방 리스크 해소를 위해 거래소가 청산 및 결제 기능을 수행

· 스마트 그리드(smart grid: 지능형 전력망): 현재의 전력망에 정보 기술(IT)을 적용한 차세대 에너지 신기술 또는 전기자동차에 전기를 충전하거나 신재생에너지를 안정적으로 이용할 수 있게 해주는 인프라

· 전기 자동차: 전기를 원동력으로 하는 자동차. 배터리, 모터, 모터 제어기로 구성

<h1 style="text-align:center">〈숫자와 경제〉</h1>

- 회계: 특정의 경제적 실체(economic entity)에 관하여 이해관계를 가진 사람들에게 합리적인 경제적 의사 결정을 하는 데 유용한 재무적 정보(financial information)를 제공하기 위한 일련의 과정
- 외감법: 주식회사의 외부 감사에 관한 법률의 줄임말
- 증권시장: 시장을 매매가 이루어지는 물건(매물)의 종류에 따라 분류하면 과일이 거래되는 시장을 청과물 시장, 생선이 거래되는 시장을 수산물 시장, 축산물(소고기, 돼지고기 등)이 거래되는 축산물 시장 등으로 구분할 수 있다. 그렇다면, 증권시장은 기업의 증권을 거래하는 시장
- 부가가치세: 생산 및 유통 과정의 각 단계에서 창출되는 부가가치에 대하여 부과되는 세금으로 우리나라는 단일세율 10%임
- 국제통화기금(IMF: International Monetary Fund): 세계 무역 안정을 목적으로 설립한 국제금융기구

※ 유익한 정보를 얻을 수 있는 웹사이트 소개

· http://navercast.naver.com/contents.nhn?rid=117&contents_id=5505
  (네이버캐스트)
· 네이버 지식백과

김미지

대구가톨릭대학교 식품영양학과를 졸업하고 동대학원에서 이학박사학위를 취득하였다. 포스텍 과학기술진흥센터 박사 후 연구원으로 한국과학창의재단에서 시행하고 있는 <생활과학교실> 사업에 참여하여 과학 활동 현장에서 과학기술과 인문사회예술 융합프로그램의 개발과 운영에 참여했다. 관련 저서로 과학문화연구총서(과학기술과 공간의 융합)『한국과 독일의 과학문화공간 활용에 대한 비교연구: 청소년 과학탐구활동사례 중심으로』(공저)가 있다. 현재 대구보건대학교 호텔외식조리학부교수로 식품영양학을 강의하고 있다.

조정선

대구대학교 물리치료학과를 졸업하고 동대학원에서 이학석·박사학위를 취득하였다. 이후 신경계물리치료를 강의하고 있다. 한국과학창의재단에서 주관하는 <생활과학교실> 프로그램과 융합교육프로그램(STEAM)의 개발과 운영에 참여하고 있다. 특히 환경·인체주제프로그램 개발에 참여하였다. 현재 포스텍 과학문화연구센터 박사 후 연구원으로 한국과학창의재단에서 시행하는 과학기술사회(STS)사업을 운영하고 있으며, 선린대학 물리치료과 겸임교수로 강의하고 있다. 저서로『가정물리치료학』(2007)이 있다.

강순심

대구대학교에서 교육학석사, 회계학박사학위를 취득하였다. 포스텍 과학기술진흥센터 박사 후 연구원으로 과학기술과 인문사회예술 융합프로그램개발과 운영에도 참여하고 있다. 사회과학분야와 청소년교육에 관심이 많으며, 특히 과학기술의 발전과 사회경제적 환경변화에 대한 사회 속의 과학에 많은 관심을 가지고 있다. 현재 대구대학교 회계학과에서 강의하고 있다.

식품·환경·숫자로 과학을 생각하다

청소년
융합과학교실

초판발행 2013년 4월 5일
초판 3쇄 2019년 1월 11일

지은이 김미지 · 조정선 · 강순심
펴낸이 채종준

펴낸곳 한국학술정보(주)
주소 경기도 파주시 회동길 230 (문발동)
전화 031 908 3181(대표)
팩스 031 908 3189
홈페이지 http://ebook.kstudy.com
E-mail 출판사업부 publish@kstudy.com
등록 제일산–115호(2000. 6. 19)

ISBN 978-89-268-4234-8 13430 (Paper Book)
      978-89-268-4235-5 15430 (e-Book)